Anleitungen zum Arbeiten im Elektrotechnischen Laboratorium

von

E. Orlich

Erster Teil

Dritte, durchgesehene Auflage

Mit 88 Textbildern

Springer-Verlag Berlin Heidelberg GmbH 1934

ISBN 978-3-662-35856-6   ISBN 978-3-662-36686-8 (eBook)
DOI 10.1007/978-3-662-36686-8

Vorwort zur dritten Auflage.

Die „Anleitungen" sind entstanden als Hilfsmittel beim Arbeiten im Elektrolaboratorium der Technischen Hochschule Berlin und waren ursprünglich nur auf die besonderen Einrichtungen dieses Laboratoriums zugeschnitten. Alle theoretischen Erörterungen waren weggelassen, weil diese in den zugehörigen Vorlesungen gebracht wurden. Dieser Standpunkt, der schon im zweiten Teil der Anleitungen verlassen werden mußte, ist jetzt auch in der dritten Auflage des ersten Teiles aufgegeben. Die wissenschaftlichen Grundlagen sind, wenn auch sehr kurz, gebracht worden; und die praktischen Anweisungen für die einzelnen Aufgaben so allgemein gestaltet, daß sie auch in anderen Laboratorien mit Nutzen gebraucht werden können.

Die Aufgaben sind so ausgewählt, daß sie im ersten Laboratoriumssemester (4 Studiensemester) bewältigt werden können.

Für wertvolle Hilfe bei der Ausarbeitung und beim Lesen der Korrekturen bin ich den Herren Dr. Ollendorff, Dipl.-Ing. Woelken, Dr. Zuhrt und Dipl.-Ing. Mühlinghaus zu Dank verpflichtet.

Charlottenburg, im Dezember 1933.

E. Orlich.

Inhaltsverzeichnis.

I. Allgemeines.

1. Regeln für das Arbeiten im Laboratorium.

1. Zunächst sämtliche Apparate, die gebraucht werden, zusammenholen und übersichtlich anordnen; vor allem Apparate, an denen abgelesen oder geregelt werden soll, so aufstellen, daß sie bequem zugänglich sind, z. B. Akkumulatoren nicht so aufstellen, daß man sie beim Arbeiten und Ablesen mit den Kleidern berühren muß.

2. Erst wenn der Standort der Apparate gewählt ist, die notwendigen Leitungen ziehen. Auch die Neben- und Hilfsapparate, wie Schalter, Sicherungen, Akkumulatoren usw. genau betrachten, schon vor dem Zusammenbau alle Aufschriften, Klemmen, Hantierungen studieren, um die Apparate richtig anwenden und ausnützen zu können.

3. Den Aufbau der Schaltungen nie bei angeschlossener Energiequelle beginnen, vielmehr erst alle Verbindungen ohne Energiequellen unter Zwischenschaltung eines geöffneten doppelpoligen Schalters fertig machen und zum Schluß die Energiequelle einfügen. Verbindungsleitungen hierfür erst an den Schalter und dann an die Energiequelle legen. Beim Abmontieren umgekehrt verfahren, d. h. zuerst Leitungen von den Klemmen der Energiequellen abnehmen. Bei Schaltungen an den Verteilungstafeln ist wegen des großen Nennstromes der Batteriesicherungen besondere Vorsicht nötig. Diese Schaltungen sind daher nur in Gegenwart eines Assistenten auszuführen.

4. Die Leitungen nie so anordnen, daß sie ein unentwirrbares Knäuel bilden. Besonders für kurze Verbindungen nicht lange Kabel und für Leitungen, die nur schwache Ströme führen, nicht dicke Kabel nehmen. Eine Ausnahme bilden Leitungen, deren Widerstände aus meßtechnischen Gründen klein sein müssen, sowie bei Hochspannungsmessungen die Erdleitungen, für die aus Sicherheitsgründen stets Kabel mit größerem Querschnitt (mindestens 10 mm²) zu verwenden sind. Die Höchstbelastung von Leitungen beträgt für

1	4	6	10	16	25	35	50	70 mm² Querschnitt
11	25	31	43	75	100	125	160	200 A.

5. Vor dem Einschalten muß die ganze Schaltung von einem Assistenten durchgesehen werden; niemand darf seinen Versuch beginnen, bevor diese Abnahme erfolgt ist. Andernfalls wird für eventuellen Schaden voller Ersatz gefordert.

6. Nach Beendigung der Versuche den Arbeitsplatz aufräumen, die Apparate und Leitungskabel an die Stellen zurückbringen, wo sie hingehören.

7. Elektrische Apparate sind meist empfindlich und können rauhe Behandlung weder in elektrischer noch in mechanischer Hinsicht vertragen, schon ein scharfes Hinsetzen auf den Tisch kann schädlich sein. Das bewegliche System von Instrumenten, die eine Feststellvorrichtung besitzen, muß bei jeder Ortsveränderung festgestellt werden.

8. Besteht Verdacht, daß ein Apparat nicht richtig arbeitet, oder daß seine Teile nicht zueinander passen oder sich nicht trennen lassen, so darf man nie versuchen mit Gewalt den Fehler zu beseitigen; man läuft sonst Gefahr, den Apparat zu zerstören. Am besten ist es den Fall einem Assistenten zu melden.

9. Ist die Schaltung in Ordnung gewesen und der Versuch im Gange, so überzeuge man sich durch stetiges Mitrechnen und dauernde Kontrolle der abgelesenen Werte, ob keine größeren Fehler auftreten. Das Ergebnis sofort ausrechnen, mindestens in großen Zügen, solange der Versuchsaufbau noch steht. Nachdem abgebaut ist, lassen sich Unstimmigkeiten, die dann erst zutage kommen, nur sehr schwer aufklären und oft gar nicht beseitigen. Meist muß dazu der Versuch wiederholt werden.

10. Ablesungen an den Meßinstrumenten bis auf die letzte noch geschätzte Ziffer ausführen und angeben, auch wenn diese Ziffer eine Null ist. Die an den Instrumenten angebrachten Korrekturkurven oder Tabellen beachten. Ein Ablesungsergebnis soll im allgemeinen das Mittel aus mehreren Einzelergebnissen sein, auch wenn anscheinend unveränderliche Versuchsbedingungen vorliegen, besonders aber, wenn sich schwankende Einstellungen ergeben. Im allgemeinen empfiehlt es sich, mindestens je zwei gleiche Versuchsreihen in einander entgegengesetzter Reihenfolge (Hingang und Rückgang) auszuführen. In der Niederschrift sind nebeneinander in Tabellenform anzugeben:

a) die ohne Rechnung unmittelbar an der Skala abgelesenen Zahlen,
b) der Meßbereich und die dafür berechnete Konstante,
c) der Wert der gemessenen Größe und die zugehörige Einheit.

11. Korrekturgrößen beeinflussen das Meßergebnis oft nur in geringem Maße. Es genügt daher meist, sie mit geringerer Genauigkeit zu bestimmen. Jedoch stets Kritik an dem Gesamtergebnis üben, um zu wissen, wie weit die Messung zuverlässig ist. Ergebnisse nur mit einer Stellenzahl angeben, die der tatsächlich erreichten Meßgenauigkeit entspricht (s. S. 10).

12. Über jeden Versuch ist eine Niederschrift zu führen, aus der jederzeit wieder ersehen werden kann, wie der Versuch ausgeführt wurde. Sie muß daher mindestens enthalten: Zeit und Ort des Versuches, Name und Nummer der untersuchten Maschine (Angabe des Leistungsschildes) oder des untersuchten Apparates, die bei der Messung verwandten Meßinstrumente (Art des Meßwerkes, Anzeigebereich),

Schaltskizze, kurze Angabe des Meßprinzips, Ergebnisse in Tabellen und Kurven, Kritik.

13. Die Ergebnisse übersichtlich in Tabellen und Kurven zusammenstellen. Die Kurve soll eine einfache Gesetzmäßigkeit zum Ausdruck bringen; man ziehe deshalb eine schlanke Linie zwischen den einzelnen Versuchspunkten hindurch. Die Abweichungen ergeben einen Anhalt für die Brauchbarkeit des Ergebnisses. Im allgemeinen sollen die Koordinatenteilungen mit dem Nullwert beginnen, wenn sich dabei eine ausreichende Ablesungsgenauigkeit ergibt. Nur wer schon für die darzustellenden Größen sichere anschauliche Vorstellungen mitbringt, darf von diesem Grundsatz gelegentlich abweichen.

14. Die Schaltbilder übersichtlich mit geraden Linien zeichnen. Haupt- und Nebenstrompfade und Kreise für Hoch- und Niederspannung unterscheiden. Apparate und Maschinen nicht als Konstruktionszeichnung, sondern symbolisch unter Beachtung der Normen des VDE darstellen (s. S. 7—9).

15. Es ist streng verboten, fremde Aufbauten und Meßanordnungen zu berühren, daran irgendwelche Veränderungen vorzunehmen oder gar einen Apparat oder eine Leitung daraus zu entfernen.

2. Energiequellen und Energieverteilung.

An Energiequellen stehen zur Verfügung:

1. Eine Akkumulatorenbatterie I von $58 + 9$ Zellen in Reihenschaltung für 1268 Astd. Kapazität. Maximale Entladestromstärke 230 A.

2. Eine Akkumulatorenbatterie II von 60 Zellen für 324 Astd. Kapazität. Maximale Entladestromstärke 108 A.

Die Batterie ist in zwei gleiche Hälften geteilt, die entweder parallel (60 Volt) oder hintereinander (120 Volt) geschaltet werden können.

3. Eine Akkumulatorenbatterie III von 60 Zellen für 108 Astd. Kapazität. Maximale Entladestromstärke 36 A.

Die Batterie III ist in Gruppen von je zwei hintereinander geschalteten Elementen angeordnet, deren Pole zu Quecksilbernäpfen geführt sind. Verschiedene Einsatzbretter gestatten, die Gruppen teils hintereinander, teils parallel zu schalten. Sind sämtliche Gruppen parallel geschaltet, so beträgt somit der resultierende zulässige Entladestrom $30 \times 36 = 1080$ A bei 4 Volt. In die 4-Volt-Leitung ist fest ein passender Widerstand eingeschaltet, der den Strom bis zur genannten Höhe in jeder beliebigen Abstufung zu regeln gestattet (vgl. S. 24 u. 44).

4. Anschluß an die BEWAG (Berliner städt. Elektrizitätswerke), Drehstrom von 3×220 V, Frequenz 50 Hz und 100 kVA Leistung.

5. Anschluß an die allgemeine Hochschulzentrale, Gleichspannung von 220 Volt. Anschlußquerschnitt 70 mm².

Sämtliche Energiequellen sind an Sammelschienen geführt, die auf Tafel I angeordnet sind; von dort aus erfolgt die weitere Verteilung durch biegsame Kabel mit Steckkontakten, entweder zu den Tafeln II, III, IV und V oder direkt zu den einzelnen Arbeitsplätzen. Tafel II und III sind an der Ost- und Westwand des Maschinensaales aufgestellt; die an diese Tafeln von Tafel I aus geschalteten Spannungen können auf dieselbe Weise durch Kabel mit Steckkontakten an die verschiedenen Arbeitsplätze geleitet werden. Tafel IV und V haben die Form von Linienwählern.

Im Maschinensaal sind an neun Doppelschaltwänden die Stationen I bis XVIII aufgebaut. An diesen Stationen enden einerseits Kabel, die von den Tafeln II und III herkommen; andererseits befinden sich an jeder Station zwei sogenannte Stationsklemmen, die durch ein blaues Schild kenntlich gemacht sind. Sämtliche Stationsklemmen liegen fest an zwei Sammelschienen, auf die die Gleichstromquellen geschaltet werden können; zwischen den Stationsklemmen herrscht also eine Spannung von 120 Volt, sobald der Hauptstationsschalter geschlossen ist. In den meisten Fällen wird diese Stationsspannung benutzt werden; dann kann man also durch Öffnen des Hauptschalters die gesamte Meßordnung stromlos machen.

Das Schließen eines Hauptschalters wird durch eine Signallampe angezeigt.

An einigen Stationen befindet sich auch ein direkter Drehstromanschluß an das BEWAG-Netz.

Die Ladung der Batterien erfolgt entweder durch zwei Motorgeneratoren oder zwei Quecksilberdampfgleichrichter aus dem Netz der BEWAG. Die Schaltungen werden durch eine im Maschinenhaus aufgestellte gekapselte Schaltanlage bewerkstelligt.

3. Auszug aus den Regeln des VDE für Meßgeräte.

(ETZ 1922, S. 290 u. 519.[1])

Die Meßgeräte werden nach der Größe des Anzeigefehlers, den sie machen dürfen, in Klassen eingeteilt. Dieser Fehler wird für sämtliche Instrumente in Prozenten des Skalenendwertes festgelegt; eine Unterscheidung nach Art der Meßwerke wird dabei nicht gemacht. Dieser Prozentwert wird nach einem deutschen Vorschlag, der voraussichtlich international angenommen wird, als Klasse genannt. Steht z. B. auf einem Instrument mit 120 Skalenteilen die Klassenbezeichnung IEC 0,5, so heißt das, daß der Anzeigefehler an keiner Stelle der Skale mehr als $\dfrac{120 \cdot 0,5}{100} = 0,6$ Skalenteile beträgt. Als Klassen sind festgelegt:

0,2   0,5   1   1,5   2,5

Die Kontrolle hat zu erfolgen: bei 20° C, Nennfrequenz, mit Sinusstrom, ohne Fremdfelder, bei Leistungsmessern bei Nennspannung und Leistungsfaktor 1,0.

Instrument ist das Meßwerk zusammen mit dem Gehäuse und gegebenenfalls eingebautem Zubehör.

Meßgerät ist das Instrument zusammen mit sämtlichem Zubehör, also auch mit solchem, das nicht untrennbar mit dem Instrument verbunden, sondern getrennt gehalten ist.

Der Strompfad des Meßwerks führt unmittelbar oder mittelbar den ganzen Meßstrom oder einen bestimmten Bruchteil von ihm.

Der Spannungspfad des Meßgeräts liegt unmittelbar oder mittelbar an der Meßspannung.

Nebenwiderstand ist ein Widerstand, der parallel zu dem Strompfad und diesem etwa zugeschalteten Stromvorwiderstand liegt.

---

[1] Eine Änderung der Regeln steht bevor.

Vorwiderstand ist ein Widerstand, der im Spannungspfad liegt.

Meßleitungen sind Leitungen im Strom- und Spannungspfad des Meßgeräts, die einen bestimmten Widerstand haben müssen.

Bezeichnungen der Instrumente.

(Die zugehörigen Symbole s. auf S. 6.)

M 1: Drehspulinstrumente besitzen einen feststehenden Magnet und eine oder mehrere Spulen, die bei Stromdurchgang elektromagnetisch abgelenkt werden.

M 2: Dreheisen- oder Weicheiseninstrumente besitzen ein oder mehrere bewegliche Eisenstücke, die von dem Magnetfeld einer oder mehrerer feststehender, stromdurchflossener Spulen abgelenkt werden.

M 3: Elektrodynamische Instrumente haben feststehende und elektrodynamisch abgelenkte bewegliche Spulen. Allen Spulen wird Strom durch Leitung zugeführt.

M 4: Induktionsinstrumente (Drehfeldinstrumente u. a.) besitzen feststehende und bewegliche Stromleiter (Spulen, Kurzschlußringe, Scheiben oder Trommeln); mindestens in einem dieser Stromleiter wird Strom durch elektromagnetische Induktion induziert.

M 5: Hitzdrahtinstrumente. Die durch Stromwärme bewirkte Verlängerung eines Leiters stellt unmittelbar oder mittelbar den Zeiger ein.

M 6: Elektrostatische Instrumente. Die Kraft, die zwischen elektrisch geladenen Körpern verschiedenen Potentials auftritt, stellt den Zeiger ein.

M 7: Vibrationsinstrumente. Die Übereinstimmung der Eigenfrequenz eines schwingungsfähigen Körpers mit der Meßfrequenz wird sichtbar gemacht.

Meßgröße ist die Größe, zu deren Messung das Meßgerät bestimmt ist. (Strom, Spannung, Leistung usw.)

Anzeigenbereich ist der Bereich, in dessen Grenzen die Meßgröße ohne Rücksicht auf Genauigkeit angezeigt wird.

Meßbereich ist der Teil des Anzeigebereichs, für den die Bestimmungen über Genauigkeit eingehalten werden.

Erweiterte Skalen sind über den Meßbereich hinaus fortgesetzt.

Der Meßbereich umfaßt:

a) bei Instrumenten mit durchweg genau oder angenähert gleichmäßiger Teilung den ganzen Anzeigebereich vom Anfang bis zum Ende der Skale,

b) bei Instrumenten mit ungleichmäßiger Teilung den besonders gekennzeichneten Teil des Anzeigebereichs, der zusammengedrängte Teile am Anfang und am Ende der Skale ausschließen darf.

Anzeigefehler ist der Unterschied zwischen der Anzeige und dem wahren Wert der Meßgröße, der lediglich durch die mechanische Unvollkommenheit des Meßgerätes und durch die Unvollkommenheit der Eichung, also in der richtigen Lage, bei Bezugstemperatur, bei Abwesenheit von fremden Feldern, bei der Nennspannung und bei

der Nennfrequenz verursacht wird. Er wird in Prozenten des
Endwertes des Meßbereiches angegeben, sofern nichts an-
deres bestimmt ist. Ist der angezeigte Wert größer als der
wahre Wert, so ist der Anzeigefehler positiv.

a angezeigte Größe,

w wahrer Wert der Größe,

e Endwert des Meßbereiches.

$$p = \frac{a-w}{e} \cdot 100\%$$

Symbole der Meßwerke.

Lfde. Nr.	Art der Meßwerke	Symbole	
		mit Richtkraft	ohne Richtkraft (Kreuzspule)
M 1	Drehspule		
M 2	Weicheisen oder Dreheisen		
M 3	Elektrodynamisch eisenlos		
	eisengeschirmt		
	eisengeschlossen		
M 4	Induktion (Ferraris)		
M 5	Hitzdraht		
M 6	Elektrostatisch		
M 7	Vibration		

Stromart, Lagezeichen.

Bezeichnung der Stromart	für
	Gleichstrominstrumente
	Wechselstrominstrumente
	Gleich- und Wechselstrominstrumente

Stromart, Lagezeichen (Fortsetzung).

Bezeichnung der Stromart	für
	Instrumente für:
$\approx$	Zweiphasenstrom
$\approxeq$	Drehstrom für gleiche Belastung
$\approxeq$	Drehstrom für ungleiche Belastung
$\approxeq$	Vierleitersysteme
Lagezeichen:	
|	Senkrechte Gebrauchslage
$\diagup\!60^o$	Schräge Gerbauchslage
—	Waagerechte Gebrauchslage

4. Symbole für Apparate und Maschinen in den Schaltskizzen.

(Vgl. DIN-Taschenbuch 2; Schaltzeichen und Schaltbilder. 3. Aufl. Beuth-Verlag 1931.)

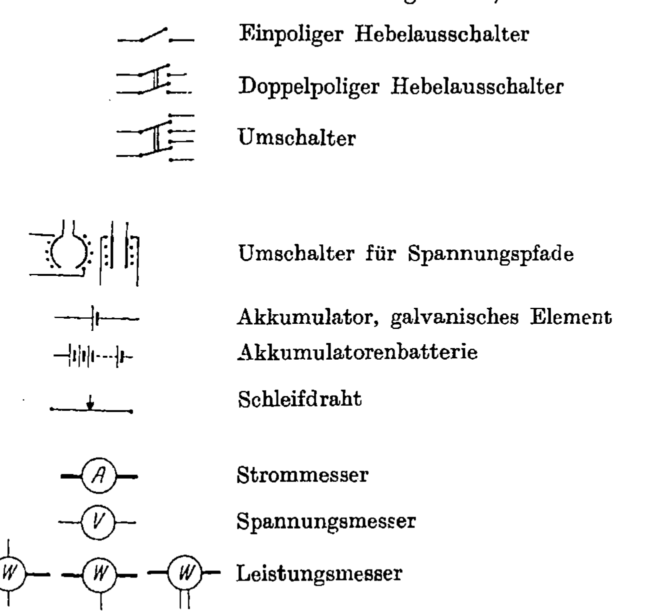

Einpoliger Hebelausschalter

Doppelpoliger Hebelausschalter

Umschalter

Umschalter für Spannungspfade

Akkumulator, galvanisches Element

Akkumulatorenbatterie

Schleifdraht

Strommesser

Spannungsmesser

Leistungsmesser

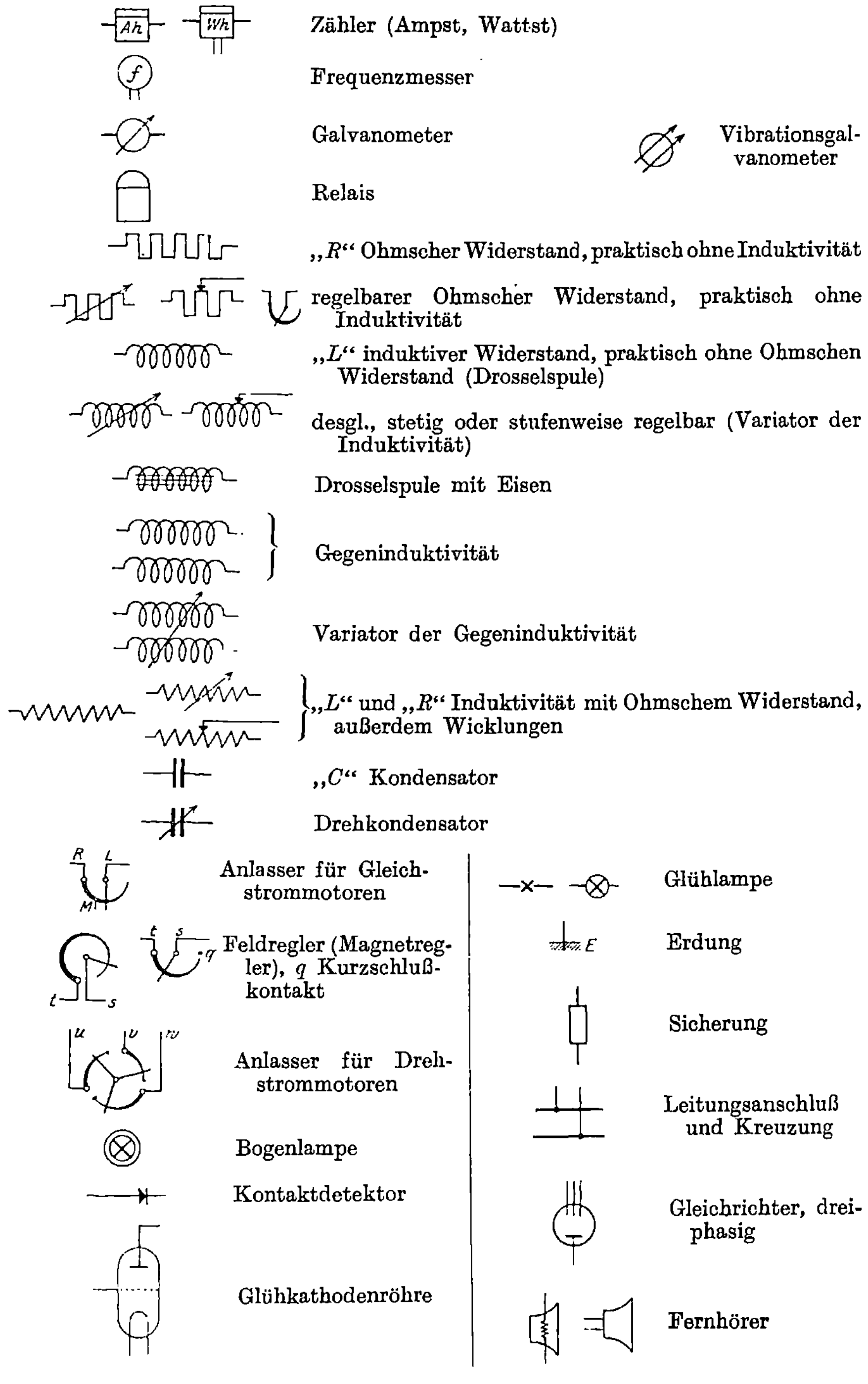

Zähler (Ampst, Wattst)

Frequenzmesser

Galvanometer

Vibrationsgalvanometer

Relais

„R" Ohmscher Widerstand, praktisch ohne Induktivität

regelbarer Ohmscher Widerstand, praktisch ohne Induktivität

„L" induktiver Widerstand, praktisch ohne Ohmschen Widerstand (Drosselspule)

desgl., stetig oder stufenweise regelbar (Variator der Induktivität)

Drosselspule mit Eisen

Gegeninduktivität

Variator der Gegeninduktivität

„L" und „R" Induktivität mit Ohmschem Widerstand, außerdem Wicklungen

„C" Kondensator

Drehkondensator

Anlasser für Gleichstrommotoren

Feldregler (Magnetregler), q Kurzschlußkontakt

Anlasser für Drehstrommotoren

Bogenlampe

Kontaktdetektor

Glühkathodenröhre

Glühlampe

Erdung

Sicherung

Leitungsanschluß und Kreuzung

Gleichrichter, dreiphasig

Fernhörer

K l e m m e n b e z e i c h n u n g :

Leitung		L
Zweileiternetz		PN
Dreileiternetz	Gleichstrom	PON
Einphasenstrom		RT

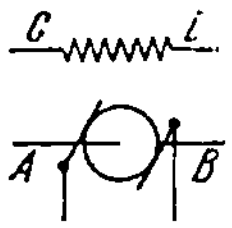

Gleichstrommaschine mit Erregerwicklung

"

Einphasenstrom, Dreileiter	ROT
Zweiphasenstrom	$QS.RT$
Drehstrom	RST
Nulleiter	O
Nebenschlußwicklung	CD
Anker	AB
Hauptstromwicklung	EF
Wendepolwicklung bzw. Kompw.	GH
Fremderregte Magnetwicklung	IK

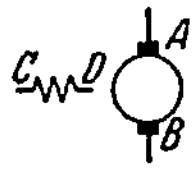

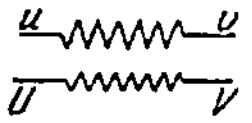

(Niedere Spannung), Unterspannung | Transformator
(Höhere Spannung), Oberspannung | einphasig

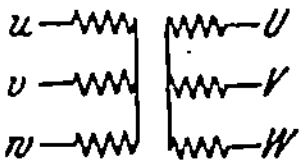

Transformator, dreiphasig, Schaltung Stern—Stern

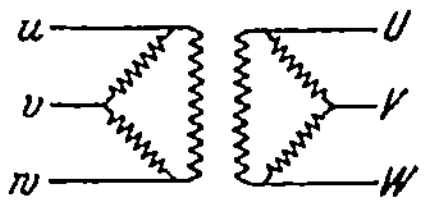

oder: 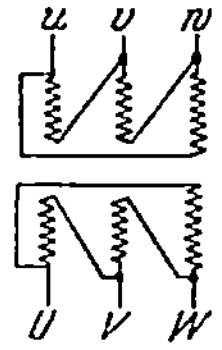   Transformator, dreiphasig, Schaltung Dreieck—Dreieck

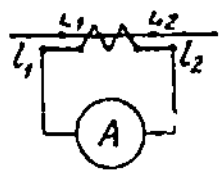

Stromwandler (mit Strommesser)

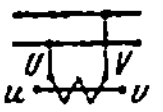

Spannungswandler

Wechselstrommaschine

Klemmbezeichnung:

Einphasenstrom		UV
Zweiphasenstrom	$U—X,$	$Y—V$
(Verkettungspunkt		$XY)$

Drehstrommaschine

Drehstrom,
offene Schaltung $U—X,\ V—Y,\ W—Z$
Einphasenmotoren:

Hauptwicklung	UV
Hilfswicklung	YZ

Drehstrom-Asynchronmotor

Sekundäranker, dreiphasig uvw
Sekundäranlasser, zweiphasig
    $u—x,\ y—v$
Sekundäranlasser, dreiphasig uvw
Primäranlasser bei
Anschluß im Nullpunkt XYZ
Anschluß zwischen Netz und Motor
    $U_1—U_2,\ V_1—V_2,\ W_1—W_2$

Bei Drehstromgeneratoren soll die Reihenfolge der Buchstaben UVW bei Rechtslauf (s. S. 82) und beim Netz die der Buchstaben RST die zeitliche Reihenfolge der Phasen angeben.

Allgemeine Bezeichnungen:

Spannung	U		magn. Feldstärke	$\mathfrak{H}$
Stromstärke	I		magn. Induktion	$\mathfrak{B}$
Widerstand	R		magn. Fluß	$\varPhi$
elektr. Leitwert	G		spezifisches Gewicht	σ
Leistung	N		spezifischer Widerstand	ϱ
Arbeit	A		Dielektrizitätskonstante	ε
Energie	W		Permeabilität	μ
Kapazität	C		Wirkungsgrad	η
Selbstinduktivität	L		Frequenz	f
Gegeninduktivität	M		Kreisfrequenz	$\omega = 2\pi f$

Bei Wechselstrom werden Augenblickswerte durch kleine lateinische Buchstaben, Effektivwerte durch große lateinische Buchstaben bezeichnet. Vektoren werden durch große deutsche Buchstaben bezeichnet.

5. Meßgenauigkeit.

Beobachtungen sind immer mit mehr oder weniger großen Fehlern behaftet. In den meisten Fällen wird der Fehler in Bruchteilen der zu messenden Größe angegeben, rechnet man diesen Bruchteil auf den Nenner 100 um, so gibt der Zähler den prozentischen Fehler. Ist G die gemessene Größe, W der wahre Wert, f der Absolutwert des Fehlers, p sein prozentischer Wert, so ist:

$$G - W = f; \qquad p = \frac{f}{W}\,100\,.$$

Ist der Fehler nur klein, so kann man in der letzten Formel W durch G ersetzen. Eine „Ungenauigkeit" wird meist durch ein doppeltes Vorzeichen ($\pm\,p\,\%$) ausgedrückt.

Eine gesuchte Größe setze sich nach der Formel

$$G = \frac{a\,b}{c\,d}$$

aus $a\,b\,c\,d$ zusammen, die einzeln durch Messung bestimmt werden; sei $\pm\,\alpha$ der prozentische Fehler von a, $\pm\,\beta$ von b, $\pm\,\gamma$ von c, $\pm\,\delta$ von d, so ist der Gesamtfehler von G gleich $\pm\,(\alpha + \beta + \gamma + \delta)\,\%$.

Ist die gesuchte Größe $G = a - b$, und sind α und β die prozentischen Fehler von a und b, so ist der prozentische Fehler von G gleich $\pm\,\dfrac{a\alpha + b\beta}{a - b}\,\%$. Sind a und b nahezu einander gleich, so kann man den letzten Ausdruck durch $\pm\,\dfrac{a\,(\alpha + \beta)}{a - b}\,\%$ ersetzen. Daraus geht hervor, daß die Genauigkeit von sog. Differenzmessungen nur sehr gering zu sein pflegt.

Beispiel: Gesucht der Drehzahlabfall eines Motors bei Belastung. Es sei gemessen die Drehzahl in 1 Minute durch direktes Abzählen mit einem Umdrehungszähler; z. B. = 998 in 60,3″. Da man die Zeit mit Stoppuhr nur auf etwa 0,2″ genau erhält, ist der Fehler der Drehzahl

$$0,2 \times 1000 : 60,3 \approx 3,3\,{}^{0}/_{00} = \alpha$$

und die Drehzahl in 60″ wird gleich 993. Ist der Motor belastet, so ergebe die Messung 995 in 61,0″; d. h. in 60″ $b = 979$, ebenfalls mit dem Fehler $\beta = 3,3\,{}^{0}/_{00}$.

Der gesuchte Drehzahlabfall $x = 993 - 979 = 14$ hat, obwohl die Einzelbeobachtungen bis auf $3,3^0/_{00}$ genau sind, einen Fehler von $\frac{993 \cdot 6,6}{14} {}^0/_{00} = 47\%$.

Man wird daher derartige Differenzmessungen möglichst vermeiden.

Sei umgekehrt in $d = a - b$, $d \ll a$ und b genau bekannt; dann braucht man d nur verhältnismäßig ungenau zu messen, trotzdem bekommt man a mit großer Genauigkeit (sog. Nullmethoden).

$$a\,(1 \pm \alpha) = b + d\,(1 \pm \delta) = (b + d)\Big(1 \pm \frac{d\,\delta}{b + d}\Big)$$

d. h. $\frac{d\,\delta}{b + d} \approx \delta\,d/b$ wird der prozentische Fehler von a.

II. Widerstandsmessungen.

6. Allgemeines über Widerstandsmessungen.

Die Einheit des Widerstandes ist durch das Reichsgesetz betr. die elektrischen Maßeinheiten vom 1. Juni 1898 rein praktisch festgelegt. Diese Definition ist in fast allen zivilisierten Staaten nahezu dieselbe. Sie lautet:

„Ohm ist die Einheit des elektrischen Widerstandes. Es wird dargestellt durch den Widerstand einer Quecksilbersäule von der Temperatur des schmelzenden Eises, deren Länge bei durchweg gleichem, einem Quadratmillimeter gleich zu achtenden Querschnitt 106,3 cm und deren Masse 14,4521 g beträgt."

Diese Definition stimmt nicht genau mit derjenigen des absoluten elektromagnetischen Maaßsystemes überein. Nach neuesten Messungen ist

$$1\ \mathrm{Ohm_{prakt}} = 1{,}0005\ \mathrm{Ohm_{absol.\ Maaß}}$$

Für den praktischen Gebrauch werden Drahtwiderstände als Gebrauchsnormale ausgegeben. Diese werden in der Regel aus Manganin (84% Cu, 12% Mn, 4% Ni) hergestellt, das etwa den spezifischen Widerstand 0,42 besitzt und dessen Widerstand praktisch von der Temperatur unabhängig ist. Außer den Normalwiderständen in Einzelbüchsen werden Widerstandssätze hergestellt, entweder in der älteren Form als Stöpselkästen oder in der neueren Form als Kurbelkästen. Über die Anforderungen bei Wechselstrom s. Anl. 2, S. 128.

Für die Messung kommen grundsätzlich zwei verschiedene Arten der Meßmethoden in Frage:

a) Präzisionsmessungen in Brücken (Nullmethoden) mit großer Genauigkeit (Fehler $< {}^1/_{100\,000}$);

b) Gebrauchsmessungen von geringerer Genauigkeit, aber mit Berücksichtigung der praktischen Betriebsbedingungen. Die zweiten sind für den Ingenieur die wichtigeren (s. Nr. 12).

7. Die Wheatstonesche Brücke. Allgemeines.

Die Schaltung der Wheatstoneschen Brücke ist in Bild 1 dargestellt. Die Bedingung für den Nullstrom im Galvanometerzweig lautet:

$$R_1 : R_2 = R_3 : R_4 \qquad \text{oder} \qquad R_1 : R_3 = R_2 : R_4 \ .$$

Man legt z. B. in

R_1 den unbekannten Widerstand

R_3 den bekannten Normalwiderstand oder einen Widerstandssatz.

Dann bilden $R_2 : R_4$ die Verhältnisarme der Brücke (entsprechend den Waagebalken einer Waage).

Am günstigsten arbeitet die gleicharmige Brücke $R_2 = R_4$, dafür lautet die Gleichgewichtsbedingung

$$R_1 = R_3$$

Die Empfindlichkeit wird am größten, wenn man außerdem

$$R_2 = R_4 \approx R_1$$

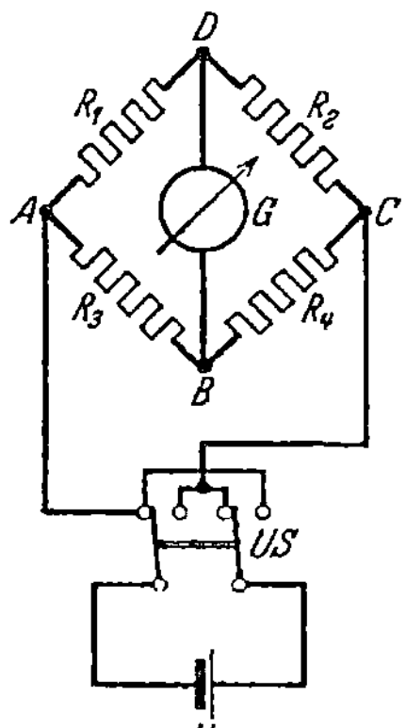

Bild 1. Wheatstonesche Brücke.

wählt.

Eine ungleicharmige Brücke wendet man an, wenn der unbekannte Widerstand R_1 sehr groß ist. Man wählt zweckmäßig $R_2 : R_4 = 10 : 1$ oder $100 : 1$, dann wird auch: $R_1 = 10\,R_3$ oder $100\,R_3$; man kommt also im Zweige 3 mit einem Widerstandskasten mit verhältnismäßig geringen Beträgen aus.

Bei sehr genauen Messungen können Thermoströme, die in den vier Zweigen ihren Ursprung haben, die Nulleinstellung stören; denn sie können, auch wenn die Widerstandsgleichung erfüllt ist, Ablenkungen im Galvanometer hervorrufen. Um diesen Fehler zu vermeiden, darf man im Galvanometerzweig keinen Schalter anbringen, im Hauptzweig aber einen Umschalter US für den Hauptstrom. Man stellt dann darauf ein, daß beim Umschalten des Hauptstromes die Einstellung des Galvanometers unverändert bleibt; d. h. nicht, daß das Galvanometer stromlos ist, sondern daß die Thermoströme unverändert hindurchfließen, während die Spannung zwischen A und D, die vom Hauptstrom herrührt, zu Null geworden ist.

Enthält aber einer der Zweige eine größere Induktivität (Spule), so würde beim Umschalten des Hauptzweiges das Galvanometer einen kräftigen Stromstoß erhalten. In diesem Falle ist es daher angebracht, die Thermokräfte in Kauf zu nehmen (sie natürlich durch vorsichtiges Arbeiten möglichst klein machen) und einen Taster in den Galvanometerzweig zu legen, mit dem man auf ein Verschwinden des Galvanometerstromes einstellt.

Über die Wahl der zweckmäßigsten Galvanometer s. S. 37.

Sind $R_1 .. R_4$ Widerstände, die nicht stetig, sondern nur stufenweise regelbar sind (Widerstandssätze), so ist die Gleichgewichtsbedingung nicht genau erfüllbar. Man muß dann interpolieren; das macht man am besten folgendermaßen: die Brücke sei gleicharmig, $R_1 \approx R_2$ seien Festwiderstände. Dann bringt man in Zweig 3 und 4 eine Verzweigungsbüchse, wie sie z. B. in Bild 2 dargestellt ist.

Durch eine kleine Kurbel kann man den Arm B entweder auf B_1,

B_2 oder B_3 stellen. Das Verhältnis der Zweige 3 und 4 ($AB : BC$) wird, bei

$$\text{Kontakt 2} \quad 100 : 100 \quad = 1$$
$$\text{,,} \quad 1 \quad 99{,}95 : 100{,}05 = 1 + 0{,}001$$
$$\text{,,} \quad 3 \quad 100{,}05 : 99{,}95 = 1 - 0{,}001$$

Wenn der Kontakt auf 2 steht, beobachtet man den Galvanometerausschlag α, der bei Wenden des Hauptstromes entsteht; dann liest man bei unveränderter Stellung des Umschalters US die Einschaltungen ab, die entstehen, wenn man den Kontakt der Verzweigungsbrücke erst auf 1, dann auf 3 stellt; die Differenz dieser beiden Einstellungen sei β. Dann unterscheiden sich R_1 und R_2 um $\dfrac{\alpha}{\beta}\,{}^0/_{00}$ ihres

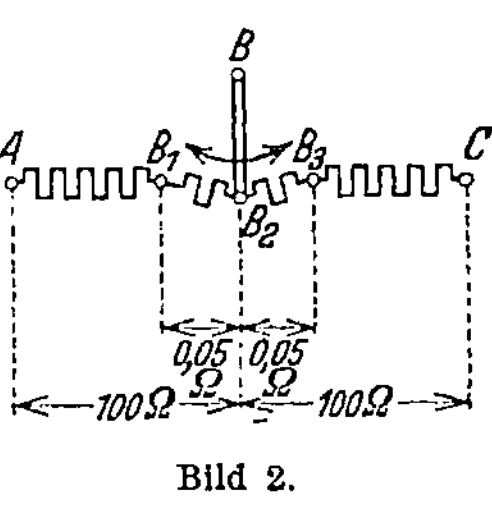

Bild 2.

Wertes. Welcher von beiden Widerständen der größere ist, ergibt eine einfache Überlegung.

8. Messungen mit der Wheatstoneschen Brücke.

Zubehör (Bild 3):

    E Akkumulator (2 Volt),
    AC Schleifdraht, Länge $l = 100$ cm,
    R Widerstandsnormale,
    R_x Versuchswiderstand,
    G Dosengalvanometer,
    S Schalter,
    T Taster,
    Meßbrücke mit Kreisschleifdraht.

Versuche:

a) Messung mit geradem Schleifdraht.

Bei der Schaltung nach Bild 3 ist darauf zu achten, daß die Widerstände der Verbindungsleitungen und die Übergangswiderstände in der Brückenschaltung möglichst klein sind. Zunächst wird der Schalter S geschlossen. Der Schleifkontakt ist so zu verschieben, daß beim Schließen von T das Galvanometer in Ruhe bleibt. Dann ist

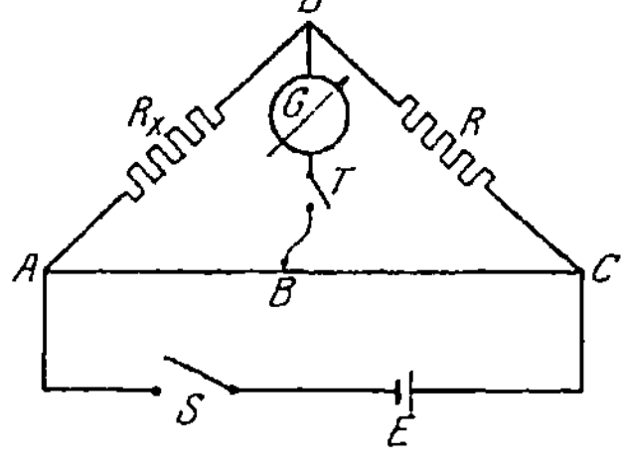

Bild 3.

$$R_x = \frac{\text{Länge } A\,B}{\text{Länge } B\,C} \cdot R.$$

Der Vergleichswiderstand R wird zweckmäßigerweise etwa in derselben Größenordnung wie R_x gewählt.

b) Messung mit der Kreisbrücke.

Die Schaltung der Kreisbrücke (Bild 4) entspricht unter Verwendung derselben Buchstaben, wie in Bild 3 genau der Schaltung unter a;

der Schleifdraht ist kreisförmig angeordnet. An X wird der zu messende Widerstand R_x, an B ein Akkumulator angeschlossen. An der Teilung des Schleifdrahtes kann unmittelbar der Wert des Quotienten $\alpha = \dfrac{A\,B}{B\,C}$ abgelesen werden.

Es ist $R_x = \alpha \cdot R$, wobei R der gestöpselte Widerstand 1, 10 oder 100 Ohm ist (Widerstandsschaltung hier anders als bei den üblichen Stöpselwiderständen). Den Widerstand der Zuleitungen zu R_x kann man dadurch berücksichtigen, daß man sie allein an X anlegt und ihren mit der Brücke gemessenen Widerstand von den ersten Messungsergebnissen abzieht.

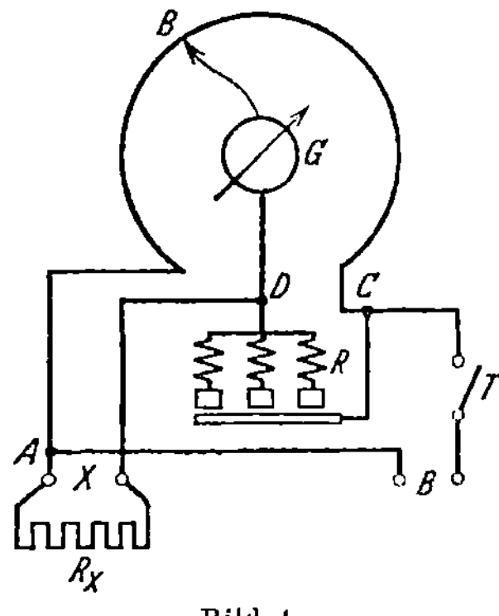

Bild 4.

c) Messung großer Widerstände mit der Präzisions-Kurbelmeßbrücke.

Grundlagen s. Nr. 7.

Zubehör:

     Präzisions-Kurbelmeßbrücke von S. & H. (Bild 5),

     G Spiegelgalvanometer mit objektiver Ablesung,

     $X_1\,X_2$ unbekannte Versuchswiderstände,

     A Akkumulator (2 V.),

     US Stromwender,

     EDC Schiebewiderstand als Spannungsteiler (Bild 6).

R_3 und R_4 sind die beiden in der Mitte des Kastens angeordneten Stöpselwiderstände, R_2 die rings um diese angeordneten 5 Kurbeln (Zehntel bis Tausender). Die Klemmbezeichnungen des Bildes 5 stimmen mit den auf dem Kasten angebrachten überein; es bedeutet:

     B Klemmen für die Batterie,

     G Klemmen für das Galvanometer,

     X Klemmen für den zu messenden Widerstand.

Versuche: Es ist zweckmäßig als Spannungsquelle, die an die Klemmen B zu legen ist, eine solche zu wählen, die von null Volt an stetig gesteigert werden kann. Eine solche ist in Bild 6 dargestellt: Der Akkumulator A wird an den Stromwender US und dieser an die Endklemmen EC eines Schiebewiderstandes angeschlossen, die Klem-

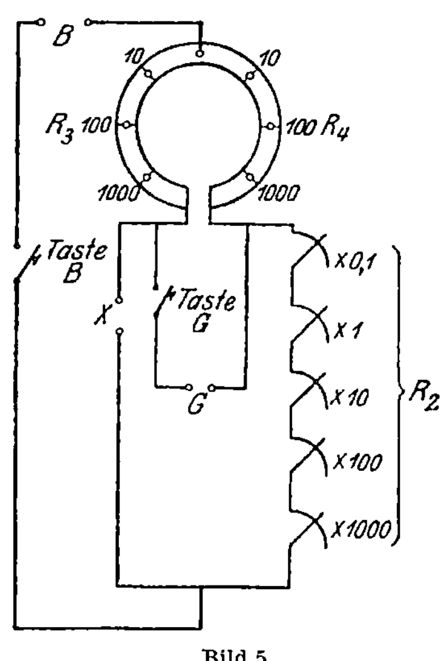

Bild 5.

men B der Kurbelmeßbrücke werden mit der Schleifschiene D und Klemme C des Widerstandes verbunden. Anfangs wird D ganz dicht an C herangeschoben, so daß an den Klemmen B praktisch die Spannung Null liegt. Schiebt man nun D allmählich von C nach E, so wächst die Spannung an den Klemmen B stetig bis zur Spannung der Spannungsquelle A.

An G (Bild 5) wird das Galvanometer, an X einer der zu messenden Versuchswiderstände X_1 oder X_2 angeschlossen. Sind diese sehr groß, so wählt man die in der Mitte der Kurbelmeßbrücke liegenden Widerstände

$$R_3 = 1000 \text{ Ohm,} \qquad R_4 = 100 \text{ Ohm,}$$
oder $\qquad R_3 = 1000 \text{ Ohm,} \qquad R_4 = 10 \text{ Ohm.}$

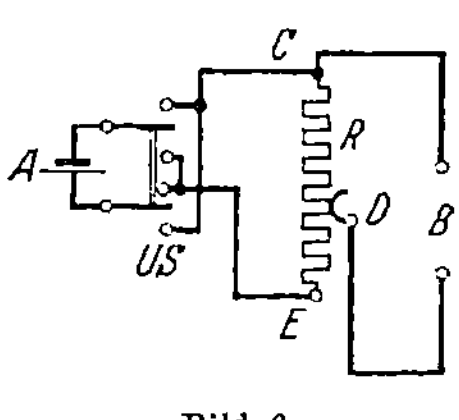

Bild 6.

Man macht die ersten Messungen zweckmäßig bei sehr kleiner Betriebsspannung (D dicht an C). Man stellt die fünf Kurbeln (R_2), Tausender- bis Zehntel-Ohm so ein, daß beim Umlegen von US in G kein Ausschlag mehr zu sehen ist. Dann vergrößert man die Spannung zwischen CD und wiederholt die Einstellung von R_2, bis die volle Spannung von A an den Klemmen B der Brückenanordnung liegt. Das Galvanometer hat eine ziemlich lange Schwingungsdauer; man muß daher etwas Geduld haben und nach jeder Regelung warten, bis das Galvanometer zur Ruhe gekommen ist.

Auf tadellosen Zustand der Isolation ist peinlichst zu achten; wie stark die Fehler bei mangelhafter Isolation werden können, erkennt man, wenn man nach Einstellung des Nullausschlages zwei Finger auf die Klemmen X legt; der Lichtzeiger wird sofort einen Ausschlag zeigen. Man muß sich also hüten, während des Einstellens irgendwelche Metallteile zu berühren.

Der gesuchte Widerstand ist:

$$R_x = \frac{R_2 \cdot R_3}{R_4} .$$

Es sind die Werte der Versuchswiderstände X_1 und X_2 als Mittel aus mehreren Abgleichungen zu bestimmen[1].

Zuerst ist jeder Widerstand für sich zu messen, dann beide in Hintereinanderschaltung und schließlich in Parallelschaltung. Sind R_a und R_b die Werte der beiden Einzelwiderstände, so muß die Reihenschaltung $R_a + R_b$, die Parallelschaltung $\dfrac{R_a \cdot R_b}{R_a + R_b}$ ergeben; diese Beziehungen sind unter Berücksichtigung der erreichten Genauigkeit nachzuprüfen.

d) Fehlerortsbestimmung.

Zubehör:

E Akkumulator,
AB Schleifdraht,
G Dosengalvanometer,
T Taster,
R Schutzwiderstand 200 Ω.

---

[1] Man überzeuge sich, daß auch bei verschiedenen Werten der Widerstände R_3, R_4 sich derselbe Wert für R_x ergibt.

Versuch: Ist für eine Fernleitung ein unzulässig kleiner Isolationswert gegen Erde gefunden, so bildet das Aufsuchen der Lage des Isolationsfehlers eine Aufgabe für sich. Man unterteilt das Netz in Teilstrecken und lokalisiert dadurch den Fehler. In der Teilstrecke, in welcher der Fehler stecken muß, bestimmt man den Fehlerort nach der Schleifenmethode.

Es sei vorausgesetzt, daß in der Teilstrecke ein vollständiger Leiterkreis vorhanden und der Querschnitt der Leitung überall derselbe sei. Man schließt die Doppelleitung $a\,c$, $a'\,c'$ (Bild 7) an ihrem entfernten Ende $c\,c'$ durch einen dicken kurzen Draht und bildet nach dem Schema eine Wheatstonesche Brücke, bestehend aus einem beliebigen Element E, z. B. einem Akkumulator zu 2 Volt, einem Schleifdraht $A\,B$ und dem zu untersuchenden Leiterkreis $acc'\,a'$. Die Verbindung aA und Ba'

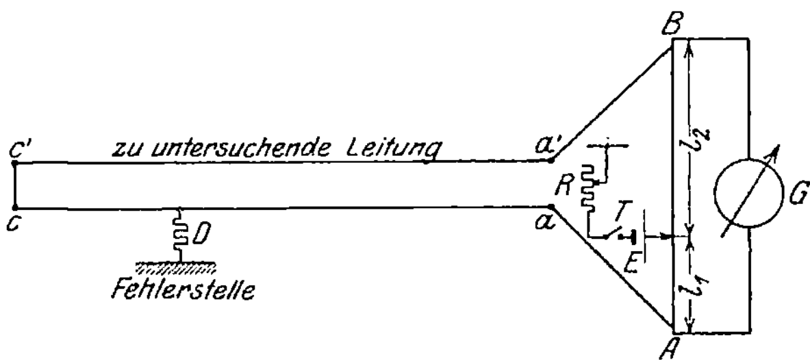

Bild 7.

wird durch möglichst kurze dicke Drähte hergestellt. Der Batteriezweig geht vom Schleifkontakt durch Batterie E, Taste T, Erde (Isolationswiderstand) zur Fehlerstelle D. Die gesamte Meßanordnung befindet sich also an **einem** Ende (aa') der Fernleitung.

Der Schleifkontakt wird so eingestellt, daß das Galvanometer stromlos ist. Dann ist

$$\frac{l_1}{l_2} = \frac{D\,a}{D\,c\,a'}\,.$$

Ist die Gesamtlänge L des fehlerhaften Leiters bekannt (sie kann durch Bestimmung des Querschnitts und des Gesamtwiderstands der Leitung oder durch direkte Messung mit dem Meßband ermittelt werden), so ist der Abstand der Fehlerstelle aus der Gleichung $x = Da = (2\,L - x)\,l_1/l_2$ zu berechnen. Das gewonnene Ergebnis ist durch Messung der Fehlerortsentfernung nachzuprüfen.

9. Brückenmethode zur Messung kleiner Widerstände.
($\leq 1/100\,\Omega$.)

Bei größeren Widerständen rechnen die fest mit dem Manganinkörper verlöteten Zuführungen mit zum Widerstand; man kann das tun, weil die Temperaturabhängigkeit dieser Zuleitungen eine kaum merkbare Rolle spielt. Bei kleinen Widerständen würde sich aber die Fehlerquelle unangenehm bemerkbar machen. Deshalb bringt man an

jeder Seite des meist aus Blechen bestehenden Widerstandskörpers je
zwei mit ihnen verlötete Zuleitungen an (Bild 8). Der Widerstand hat
also zwei Hauptstromklemmen hh und zwei Poten-
tial- oder Abzweigklemmen aa und rechnet nur zwischen
den Verzweigungspunkten, ist also nur aus Manganin.
Durch hh wird der Hauptstrom I zu- und abgeleitet
und an aa der Spannungsabfall RI gemessen.

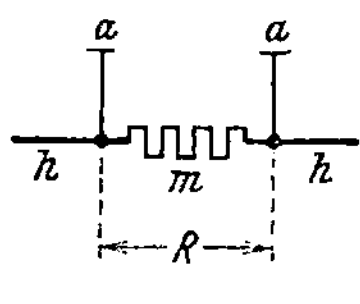

Bild 8.

Der Vergleich zweier kleiner Widerstände wird in
der Thomsonschen Doppelbrücke vorgenommen, deren
Schaltung in Bild 9 dargestellt ist. Der unbekannte Widerstand R_x und
der bekannte Normalwiderstand R_n sind mit ihren Hauptstromklemmen
hintereinander geschaltet, R_0 sei der Widerstand der Kupferleiter zwischen
diesen beiden Widerständen. Die Batterie B
liefert einen verhältnismäßig starken Strom,
der beide Widerstände hintereinander durch -
fließt; der Spannungsabfall in R_x bzw. R_n
wird zweckmäßig in der Größenordnung
von 0,1 V gewählt. An die Abzweigklemmen sind die Brückenzweige mit den
größeren Widerständen R_1, R_2, R_3, R_4 angeschlossen. Die Gleichgewichtsbedingung
für den Nullstrom der Brücke lautet:

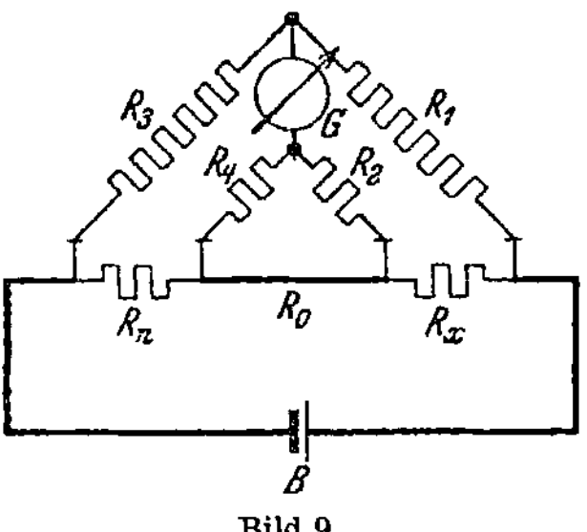

Bild 9.

$$\frac{R_x}{R_1} - \frac{R_n}{R_3} + \frac{R_0}{R_2 + R_4}\left[\frac{R_x}{R_1} - \frac{R_n}{R_3} + \frac{R_2}{R_1} - \frac{R_4}{R_3}\right] = 0$$

Soll diese Bedingung von dem Wert des ziemlich unkontrollierbaren
R_0 unabhängig werden, so muß

$$\frac{R_x}{R_n} = \frac{R_1}{R_3} = \frac{R_2}{R_4}$$

gemacht werden. Diese Doppelbedingung wird am leichtesten erfüllt,
indem man sowohl $R_1 = R_2$ als auch $R_3 = R_4$ macht, so daß wird

$$R_x = R_n \cdot \frac{R_1}{R_3}\,.$$

10. Messung des spezifischen Widerstandes mit der Thomsonbrücke.

Zubehör:
Eine Doppelkurbelmeßbrücke von S. & H.
G Spiegelgalvanometer mit objektiver Ablesung,
R_N Normalwiderstand von $^1/_{1000}$ Ohm,
K Einspannvorrichtung für Metallstäbe im Petroleumbad mit
   Heizspirale[1] und Rührer (Konstruktion: Otto Wolff);
   ein Antriebsmotor für den Rührer mit Vorwiderstand R_m
   und Holzzwinge zum Festklemmen des Motors am Tisch,

---

[1] Die Heizvorrichtung wird nur bei der Messung des Temperaturkoeffizienten
gebraucht.

A Strommesser für 5 und 20 Amp (Dreheiseninstrumente),

S_1 Ausschalter für den Hauptstromkreis für 20 Amp,

S_2 Ausschalter für den Rührmotor,

T Taster für den Galvanometerkreis,

R Regelwiderstand für den Hauptstromkreis von 22 Ohm für max. 15 Amp und Schiebewiderstand 380 Ohm, 5 Amp in Reihe;

     mehrere Stäbe aus Handelskupfer, elektrolytischem Kupfer, Eisen, Stahl, Aluminium und Messing,

     ein Thermometer.

Versuche: Die in Bild 10 dargestellte Thomsonbrücke ist in Bild 11 unter Verwendung derselben Buchstaben noch einmal so dargestellt, wie sie bei den hier verwendeten besonderen Apparaten sich gestaltet.

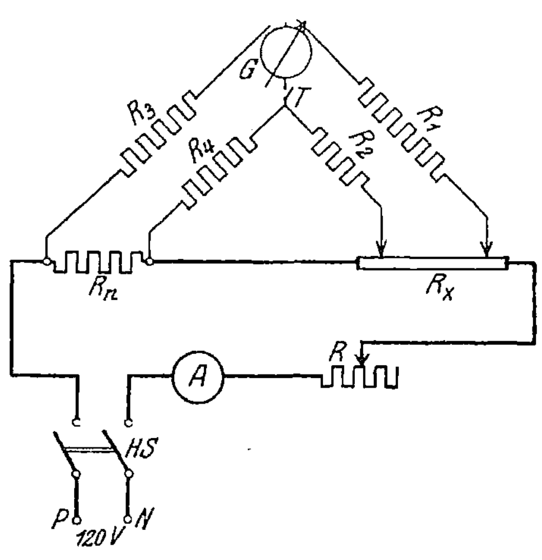

Bild 10.

Die untere Hälfte zeigt den besonders aufzubauenden Teil des Starkstromkreises, die stark gezeichneten Leiter sind mindestens 10 mm² stark zu wählen; AD sind die Hauptstromklemmen eines Heizkastens mit Einspannvorrichtung, in dem der zu untersuchende Stab liegt; da die Widerstände der reinen Metalle von der Temperatur abhängig sind, so liegt der Stab in einem Petroleumbad.

Um den Stab, dessen Widerstand bestimmt werden soll, einspannen zu können, nimmt man zunächst das im Deckel steckende Thermometer heraus (sonst zerbricht es), hebt dann den Deckel des Petroleumkastens ab, dreht ihn um, schiebt den Stab von der Seite her durch die hierfür vorgesehenen Ösen und klemmt ihn mit den beiden Kordelschrauben fest. Beim Wiederaufsetzen des Deckels legen sich selbsttätig durch die Schwere zwei in genau 50 cm Abstand stehende Schneiden, die mit den Potentialklemmen BC verbunden sind, auf den Stab.

Um eine gleichmäßige Verteilung der Temperatur zu erzielen, ist eine kleine Pumpe im Petroleumkasten angebracht, die durch einen kleinen Gleichstrommotor angetrieben wird. Der Motor wird unter Vorschaltung eines Schiebewiderstandes R_m an 120 Volt angeschlossen (Bild 12); der Widerstand, der zuerst ganz einzuschalten ist, wird allmählich verringert, bis der Motor langsam zu laufen beginnt (bei zu raschem Lauf spritzt das Petroleum umher). Die Drehrichtung der Pumpe soll derart sein, daß das Petroleum in dem Rohr von unten nach oben gesogen wird. Au einem durch den Deckel eingeführten Thermometer wird die Temperatur bis auf Zehntel-Grade abgelesen.

In der oberen Hälfte des Bildes 11 sind die Widerstände R_1, R_2, R_3, R_4, so wie sie in der „Doppelkurbelmeßbrücke" verteilt sind, dargestellt. R_1 und R_2 sind zwei Vierkurbelkästen (Hunderter bis Zehntel Ohm), deren Kurbeln miteinander gekuppelt sind, so daß zwangsmäßig die Widerstände R_1 und R_2 bis auf vier Stellen einander gleich eingestellt werden. R_3 und R_4 werden durch zwei kleine Stöpselkästen ($10 \cdot 50 \cdot 100\,\Omega$) gebildet; da auch $R_3 = R_4$ sein soll, so zieht man in jedem der kleinen Kästen je einen Stöpsel mit demselben Nennwert des Widerstandes; seine Größe wählt man im Interesse einer großen Empfindlichkeit so, daß in Zweig 1 und 2 möglichst alle vier Kurbeln zur Einstellung benutzt werden.

Der Regelwiderstand R ist zunächst vollständig einzuschalten, der Rührer in Gang zu setzen und der Schalter S_1 zu schließen.

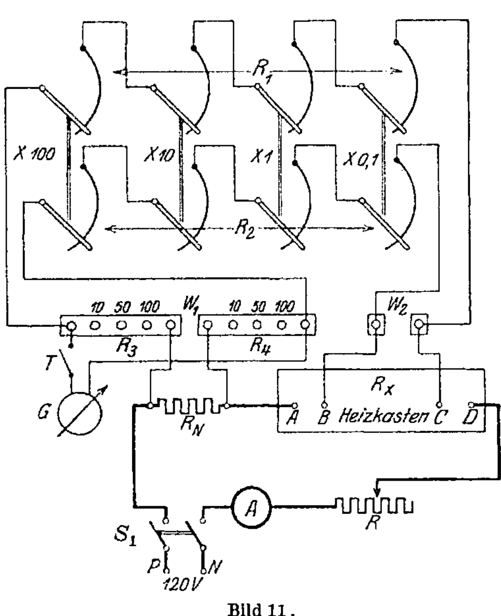

Bild 11.

Dann wird an den Doppelkurbeln geregelt, bis das Galvanometer beim Drücken der Taste T stromlos ist. Hierauf verringere man den Vorwiderstand R, bis die in untenstehender Tabelle angegebene Stromstärke erreicht

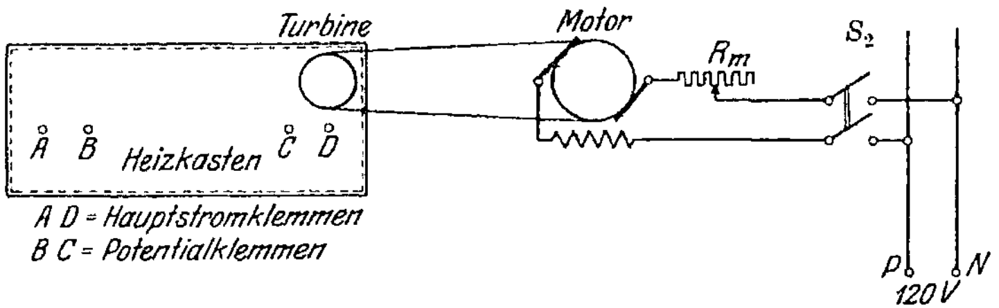

Bild 12.

ist; soll eine Stromstärke größer als 5 Amp eingestellt werden, so ist in R erst der Schiebewiderstand $380\,\Omega$ kurz zu schließen, bevor der Regelwiderstand $22\,\Omega$ verkleinert wird. Danach regle man nötigenfalls von neuem an den Doppelkurbeln, bis der Galvanometerausschlag verschwunden ist. Nur wenn vollständiges Temperaturgleichgewicht eingetreten ist, bleibt der Galvanometerzeiger ruhig stehen; andernfalls wandert er dauernd. Der gesuchte Widerstand wird nach Nr. 9 aus der Formel

$$R_x = \frac{R_1}{R_3} \cdot R_n$$

berechnet. Die Messungen sind nach Wahl an drei Stäben verschiedenen Materials (darunter ein Kupferstab) auszuführen. Hieraus findet man den spezifischen Widerstand ϱ_t bei der gemessenen Temperatur t aus

$$\varrho_t = \frac{R_x \cdot q}{l} \quad (q \text{ in mm}^2 \text{ s. Tabelle, } l = 0,5 \text{ m}).$$

Tabelle.

Nr.	Material	Durchmesser in mm	Temp.-Koeff. α_{15}	Belastungs-stromstärke i
1	Messing	4,00	$1,5 \cdot 10^{-3}$	4 A
2	„	4,00	$1,5 \cdot 10^{-3}$	
3	Stahl	4,01	$5,2 \cdot 10^{-3}$	0,5 A
4	„	3,96	$5,2 \cdot 10^{-3}$	
5	Aluminium	3,98	$3,7 \cdot 10^{-3}$	8 A
6	„	4,00	$3,7 \cdot 10^{-3}$	
7	Kupfer	3,54	$\Big\} = \dfrac{\varrho_{15} \cdot \alpha_{15}}{6,78 \cdot 10^{-5}}$	15 A
8	„	4,03		
9	Eisen	3,97	$4,7 \cdot 10^{-3}$	1,5 A

Die Umrechnung auf die Temperatur 15° erfolgt nach der Formel:

$$\varrho_{15} = \frac{\varrho_t}{1 + \alpha_{15}\,(t - 15°)}$$

wobei für α_{15} die in der Tabelle angegebenen Werte als bekannt eingesetzt werden mögen. Vgl. auch Nr. 11.

11. Vorschriften für Leitungskupfer[1].

Der spezifische Widerstand eines reinen Metalles ändert sich sehr stark, sobald auch nur geringe Beimengungen von anderen Metallen vorhanden sind. Sog. „Leitungskupfer" ist Kupfer von einem so hohen Grad der Reinheit, daß sein spezifischer Widerstand bestimmte vom Verband Deutscher Elektrotechniker festgesetzte Grenzwerte nicht überschreitet. Diese Werte sind in $\Omega \cdot \text{mm}^2/\text{m}$ bei 20° C:

1. bei weichgeglühtem Draht $1/57 = 0,01754$,

2. bei kaltgerecktem Draht mit einer Festigkeit von mehr als 30 kg/mm²

$\quad 1/56 = 0,01786$ für Drahtdicken ≥ 1 mm

$\quad 1/55 = 0,01818$ für Drahtdicken < 1 mm,

3. bei weichgeglühtem verzinnten Draht

$\quad 1/56,5 = 0,01770$ für Drahtdicken $\geq 0,3$ mm

$\quad 1/55,5 = 0,01802$ für Drahtdicken $0,3 \div 0,1$ mm

$\quad 1/54 \ = 0,01852$ für Drahtdicken $< 0,1$ mm.

Der spezifische Widerstand ist von der Temperatur abhängig; man kann dafür die Gleichung ansetzen:

$$\varrho_t = \varrho_0\,(1 + \alpha_0\,t) = \varrho_{20}\,[1 + \alpha_{20}\,(t - 20°)]$$

[1] VDE-Vorschriftenbuch 0201/1932.

Der Temperaturkoeffizient ist also von der Ausgangstemperatur (0^0 oder 20^0) abhängig; aus den beiden letzten Formeln folgt unmittelbar:

$$\varrho_{20}\,(1 - 20\,\alpha_{20}) = \varrho_0 \quad \text{und} \quad \varrho_{20}\,\alpha_{20} = \varrho_0\,\alpha_0$$

Die Erfahrung lehrt nun, daß in weiten Grenzen für sämtliche Kupfersorten das Produkt $\varrho\alpha$ konstant ist, nämlich $0{,}678 \cdot 10^{-4}$. Hat man also den spezifischen Widerstand ϱ_t bei der Temperatur t gemessen, so braucht man keine Messung bei einer zweiten Temperatur zu machen, sondern berechnet direkt aus:

$$\varrho_{20} = \varrho_t - 0{,}678 \cdot 10^{-4}\,(t - 20^0)$$

12. Messungen unter Betriebsbedingungen.

In der Praxis kommen viele Fälle vor, wo der Widerstand von der Strombelastung abhängt, ja wo der Quotient U/I auch nicht annähernd mehr konstant ist (Gasentladungen). Man muß dann durch Messung von U und I die „Charakteristik" aufnehmen. In Bild 13 ist a die Charakteristik eines temperaturunabhängigen Widerstandes $R = U/I = \operatorname{tg}\alpha$. Sie ist eine Gerade, die um so steiler verläuft, je größer der Widerstand ist. b ist die Charakteristik einer Metallfadenlampe, deren Widerstand mit der Belastung wächst, c die Charakteristik eines Eisenbandwiderstandes in einer Wasserstoffatmosphäre, die sich dadurch auszeichnet, daß die Spannung in einem erheblichen Intervall steigen kann, ohne daß sich merklich der Strom ändert[1]. Am stärksten weicht die Charakteristik eines Lichtbogens von der eines Ohmischen Widerstandes ab; sie ist in d dargestellt.

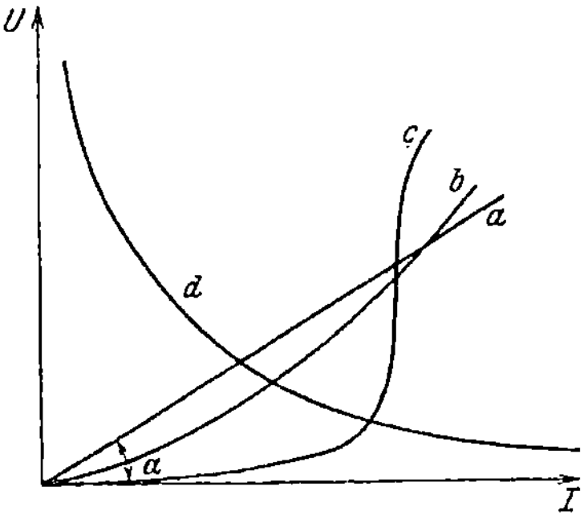

Bild 13.

Man mißt mit direkt zeigenden Strom- und Spannungsmessern den Strom I, der durch den gesuchten Widerstand fließt, und die Spannung U_k an seinen Klemmen; dann ist $R = U_k/I$ der Widerstand bei der Belastung mit Stromstärke I. Bei der praktischen Ausführung ist der Eigenverbrauch der Meßinstrumente zu beachten. Von den zwei möglichen Schaltungen, die in Bild 14 und 15 dargestellt sind, wählt man diejenige, die die kleinere Korrektur wegen des Eigenverbrauchs der Meßinstrumente verursacht.

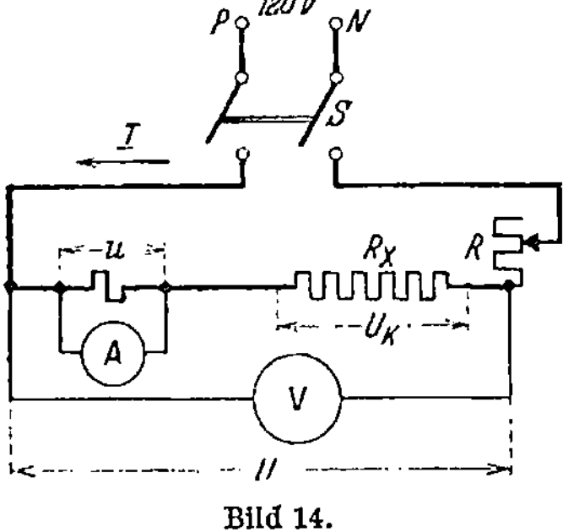

Bild 14.

---

[1] ETZ 1906 S. 45.

A. Messung größerer Widerstände.

Die Schaltung nach Bild 14 wird in der Regel benutzt, wenn es sich um Widerstände für verhältnismäßig hohe Spannungen, die nur wenig Strom verbrauchen, handelt. Mit A mißt man den Strom I_r, der R_x durchfließt, mit Spannungsmesser V eine Spannung U, die sich aus U_k an R_x und Spannungsabfall u an Strommesser A zusammensetzt. U_k ist in der Regel groß gegen u; es wird:

$$U_k = U - u; \qquad R_x = (U - u)/I_r$$

Benutzt man als Strommesser einen empfindlichen Drehspulapparat. so ist dieser in der Regel entsprechend seiner Aufschrift auch als Spannungsmesser brauchbar; man kann dann an ihm sowohl den Strom I_r. als auch den Spannungsabfall u ablesen. Ist eine solche Aufschrift nicht vorhanden, so muß man den Widerstand R_i des Strommessers besonders bestimmen und es wird $u = I_r R_i$.

Beispiele: Als Versuchswiderstände R_x sind zu messen:

  a) Widerstandsdraht in Asbestgeflecht (wird zu Heizzwecken benutzt),
  b) Kohlefadenlampe,
  c) Metallfadenlampe,
  d) Eisenwiderstand in Wasserstoffatmosphäre,
  e) Silitstab,
  f) Kohledruckregler.

Zubehör:

  A ein Drehspul-Strommesser mit Nebenwiderständen für 0,75 Amp für die Versuche a bis d, für 3 und 7,5 Amp für den Versuch e,

  V ein Drehspul-Spannungsmesser Meßbereich 150 Volt,

  R ein Regelwiderstand 830 Ohm, 1,2 Amp (Schiebewiderstand mit einem Rohr) oder zwei Regelwiderstände von je 380 Ohm in Hintereinanderschaltung (Schiebewiderstände, d. h. zusammen 760 Ω), für die Versuche mit den Widerständen a bis d.
     ein Schiebewiderstand 380 Ohm, 5 Amp für den Versuch mit dem Silitstabe,

  S ein doppelpoliger Schalter.

Versuche: Für R_x sind nacheinander die Widerstände a bis f einzuschalten. Bei den Versuchen a bis d ist der Strommesser mit dem Nebenwiderstand für 0,75 Amp und der Regelwiderstand 830 Ohm oder zwei Widerstände (je 380 Ohm) in Reihenschaltung zu benutzen, beim Versuch e nacheinander die Nebenwiderstände für 3 und 7,5 Amp und der Regelwiderstand von 380 Ohm.

Anfangs ist der ganze Betrag des Regelwiderstandes R einzuschalten, V und A sind abzulesen, dann ist der Regelwiderstand R zu verkleinern, so daß U stufenweise um je 10 Volt steigt; auf jeder Stufe ist V und A abzulesen, bis der Widerstand R ganz ausgeschaltet ist, also die volle

Spannung am Widerstande R_x liegt (Hingang). Bei 120 Volt Klemmenspannung kommen die Widerstandskörper b bis e ins Glühen. Dann wird die ganze Meßreihe rückwärts bei fallendem Strom wiederholt, bis R wieder ganz eingeschaltet ist. Bei jeder Regelstufe ist zu warten, bis die Meßapparate eine feste Einstellung angenommen haben, d. h. bis Wärmegleichgewicht eingetreten ist. Je größer die zu erwärmende Masse (Silitstab) ist, um so länger muß man warten.

Berechnung und Darstellung der Ergebnisse. Die Werte von U, $U-u$, I_r, R_x sind unter Berücksichtigung der erreichten Meßgenauigkeit für jeden Widerstand in eine Tabelle einzutragen. Außerdem ist für jeden untersuchten Widerstand eine Kurve (Bild 13) zu zeichnen (Abszisse I_r, Ordinate $U-u$), in welche die Werte aus Hingang und Rückgang eingetragen werden.

Außerdem wird eine zweite Kurve gezeichnet, in der R_x (Ordinate) als Funktion von I_r (Abszisse) aufgetragen wird.

Kohledruckregler. (Fakultative Aufgabe.) Es ist die Widerstandsänderung eines Kohledruckreglers, wie er z. B. in der Berliner Stadt- und Ringbahn zur Reglung der Spannung an den Lampen benutzt wird, zu untersuchen. Der Regler besteht aus einer großen Zahl dünner Kohleplättchen, die aufgeschichtet zwischen zwei kräftigen Druckplatten liegen und durch Gewichte verschieden stark zusammengedrückt werden können. Dadurch wird der Übergangswiderstand zwischen je zwei aneinander liegenden Plättchen geändert.

Es soll bei konstantem Strom die Abhängigkeit des Widerstandes von der Gewichtsbelastung untersucht werden. Dazu steigert man allmählich den Druck durch Auflegen von Gewichten bis maximal 250 g, regelt bei jeder Gewichtsbelastung P mittels Regelwiderstand R den Strom auf einen konstanten Wert von 20 mA und mißt die zugehörige Klemmenspannung U_k am Kohlewiderstand. Danach macht man eine zweite Meßreihe bei abnehmenden Drücken P in denselben Stufen. Man zeichnet für Hin- und Rückgang je eine Kurve, P als Abszisse, R_x als Ordinate.

<h2 align="center">B. Messung kleiner Widerstände durch Strom-
und Spannungsmessung.</h2>

Sollen kleine Widerstände R_x bei großer Strombelastung I_x gemessen werden, so ist es zweckmäßig die Schaltung nach Bild 15 zu wählen. Der Spannungsmesser V liegt an den Klemmen (gegebenenfalls den Abzweigklemmen s. S. 17) des Widerstandes R_x und mißt unmittelbar U_k; dagegen fließt durch den Strommesser A nicht nur I, sondern auch der Strom i_u, den der Spannungsmesser beansprucht. Zeigt der Strommesser I_a an, so ist:

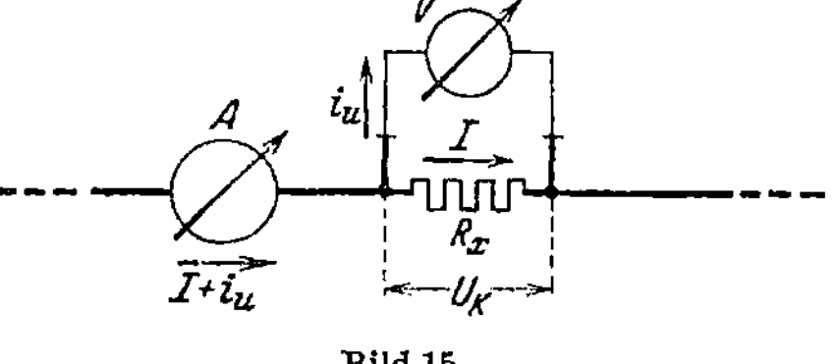

Bild 15.

$$I = I_a - U_k/R_u$$

wo R_u den Widerstand des Spannungsmessers (einschl. Vorwiderstände) bedeutet. U_k und I_a werden direkt abgelesen; daraus wird:

$$R_x = U_k / (I_a - U_k / R_u)$$

Wenn mit einigermaßen großen Strömen gearbeitet wird, ist die Korrektur vernachlässigbar klein.

Zubehör (Bild 16 und 17):

V Spannungsmesser 45 mV · 10 Ω,

VW bzw. R_e Stöpselwiderstand, als Vorwiderstand für den Spannungsmesser,

A Spannungsmesser 150 mV · 1 Ω mit Nebenwiderständen für 3 Amp, 7,5 Amp und 300 Amp,

HS Hauptschalter,

Doppellitze mit Anlegespitzen,

R_x zu messende Widerstände und zwar

    a) Widerstand eines Manganinbleches,

    b) Widerstand von Eisenblechen,

    c) von Kabeln, Querschnittsbestimmung,

    d) Stufen eines Anlaßwiderstandes,

    e) Schienenstoßwiderstände.

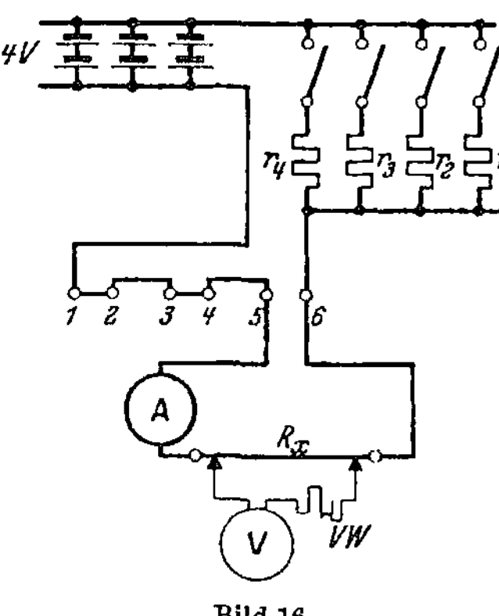

Bild 16.

Versuchsaufbau: Zu den Versuchen wird die Batterie *III* benutzt, die mit einem Einsatz auf 4 Volt geschaltet wird (s. S. 3). Dann liegen fest in dem Stromkreis die an der Wand montierten Widerstände r_1, r_2 .., die mit den zugehörigen Hebelschaltern parallel geschaltet werden können, so daß man in Stufen die Stromstärken steigern kann (vgl. auch S. 44).

Der Stromkreis endet an Starkstromklemmen 1, 2 .. 6, die an dem Schalttisch fest montiert sind; an diese werden nach Bild 16 die Meßobjekte und Spannungs- und Strommesser angeschlossen.

a) Messung eines kleinen Widerstandes aus Manganinblech.

Der kleine zu messende Widerstand R_x hat zwei Hauptstrom- und zwei Potentialklemmen (vgl. Bild 8); durch die Hauptstromklemmen wird ein Strom I zu- und weggeführt, der durch die Regelwiderstände r bis auf etwa 5 Amp gebracht und durch Strommesser A (mit Nebenwiderstand für 3 bzw. 7,5 Amp) gemessen wird.

Die zu messende Spannung U_k an R_x liegt in der Größenanordnung von 1 Volt. Ist V ein Spannungsmesser mit dem Meßbereich 45 mV und $R_m = 10$ Ω Instrumentenwiderstand, so muß zur Messung von U_k ein Widerstand R_e (Stöpselwiderstand) vorgeschaltet werden. R_e ist so groß zu wählen, daß V etwa $\alpha = 100$ Skalenteile Ausschlag zeigt. Dann ist:

$$U_x = \frac{R_m + R_e}{R_m} \cdot \frac{45}{1000} \frac{\alpha}{150}$$

Der Strom I in R_x ist

$$I = I_a - \frac{45}{10\,000}\,\frac{\alpha}{150}$$

und $R_x = U_k : I$.

b) Messung an Transformatorenblechen.

Legiert man Eisenbleche mit Silicium, so nimmt ihr elektrisches Leitvermögen stark ab, ohne daß die magnetischen Eigenschaften eine wesentliche Einbuße erfahren. Man benutzt daher die legierten Bleche gern in Transformatorenkernen, um die in den Blechen der Kerne entstehenden Wirbelströme herunterzusetzen und damit die Verluste des Transformators.

Die zu den Versuchen zur Verfügung stehenden Bleche sind 0,5 mm dick, 10,05 mm breit; der Widerstand soll zwischen zwei Querschnitten gemessen werden, die genau 80 cm Abstand haben; gemessen wird bei etwa 3 Amp Belastungsstrom. Daraus kann man den spezifischen Widerstand ϱ bei Zimmertemperatur berechnen. Es sind vier Blechsorten vorhanden,

α) ein unlegiertes, β) ein schwachlegiertes, γ) ein mittellegiertes, δ) ein hochlegiertes, dieses ist nur 0,35 mm dick.

c) Querschnittsbestimmung eines Kabels.

Zunächst wird der Widerstand eines biegsamen Kabels gemessen, indem man es mit etwa 30 Amp belastet und die Spannung zwischen den Enden mit Spitzentaster mißt; die Spannungsmessung wird ebenso wie unter a) mit geeignetem Vorwiderstand für den Spannungsmesser gemacht.

Ist l die Länge des Kabels in m, t^0 die Zimmertemperatur (in Celsiusgraden), so ist nach den Normalien des VDE der Kabelquerschnitt zu berechnen nach der Formel:

$$q = \frac{17,84 + 0,068\,(t-20)}{1000} \cdot \frac{l}{R_k}\ \text{mm}^2$$

d) Messung des Ankerwiderstandes eines Gleichstrommotors und der Stufen eines Anlaßwiderstandes.

An die Stelle von R_x bzw. R_k wird der Anker eines Gleichstrommotors eingeschaltet, dessen Magneterregung abgeschaltet ist, so daß der Anker bei Stromdurchgang in Ruhe bleibt (s. Nr. 29). Vor den Anker M wird der zu untersuchende Anlaßwiderstand $R_1 \ldots R_n$ geschaltet; dabei muß die Anlaßkurbel auf dem ersten Kontakt stehen, so daß der ganze Anlaßwiderstand eingeschaltet ist (Bild 17).

Zur Stromregelung benutzt man einen Kurbelwiderstand R für größere Ströme. Den Strom bringt man bei der Messung des Anlaßwiderstandes auf $1/_{10}$ bis $1/_5$ des auf dem Maschinenschild angegebenen Nennstromes; bei der Messung des Ankerwiderstandes wird der Anlasser kurzgeschlossen und der Strom durch Regeln von R auf etwa $1/_3$ bis $1/_2$ des normalen Maschinenstromes erhöht. Durch Abtasten mit dem Spannungsmesser werden ebenso wie vorher die Spannungen am Anker (ohne und mit Bürsten und Zuleitungen) und an den einzelnen Anlaßstufen gemessen und daraus die Widerstände berechnet. Der Ankerwiderstand wird in mehreren Stellungen des Ankers gemessen.

Die Widerstände der Stufen eines richtig konstruierten Anlassers für einen Nebenschlußmotor sollten nach einer geometrischen Reihe abnehmen. Man bilde daher die Quotienten

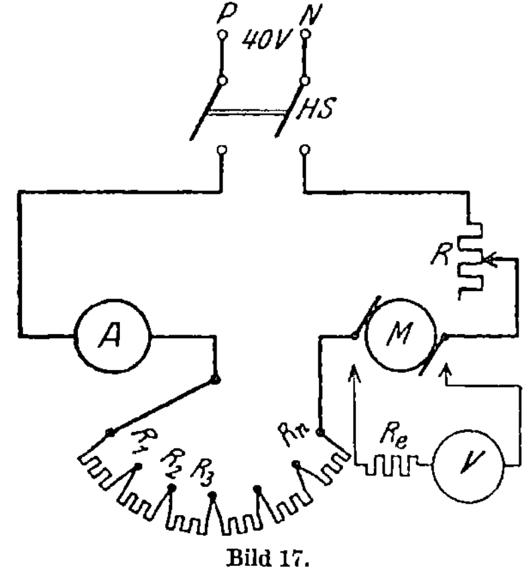

Bild 17.

$$\frac{R_1}{R_2}, \quad \frac{R_2}{R_3}, \quad \frac{R_3}{R_4} \cdot \frac{R_n-1}{R_n};$$

die alle denselben Wert p ergeben sollten. Ferner sollte auch

$$\frac{R_n + R\,(\text{Anker})}{R\,(\text{Anker})} = p$$

sein, d. h.

$$\frac{R_n}{R\,(\text{Anker})} = p - 1.$$

Man prüfe, wieweit bei dem untersuchten Anlasser diese Bedingungen erfüllt sind.

e) Messung von Schienenstößen.

Es stehen dafür folgende Objekte zur Verfügung:

α) Eisenbahnschiene der Reichsbahn. Zwei Schienen sind mit normalen Laschen verbunden. Außerdem sind die Schienen mit biegsamem Kupferseil verbunden,

β) Berliner Straßenbahnschiene. Rillenschienen, die mit normalen Laschen verbunden sind; die Laschen sind mit den Schienen verschweißt,

γ) dasselbe wie unter β, aber die Laschen sind nicht verschweißt, sondern nur verschraubt.

Das Objekt, das in Bild 15 und 16 an die Stelle von R_x gesetzt wird, ist beispielsweise in Bild 18 dargestellt. Als Belastungsstrom werden etwa 300 Amp genommen. Die Schneiden, mit denen die Spannung abgenommen werden soll, sitzen in genau 1 m Entfernung an einer Holzlatte. Diese Latte wird,

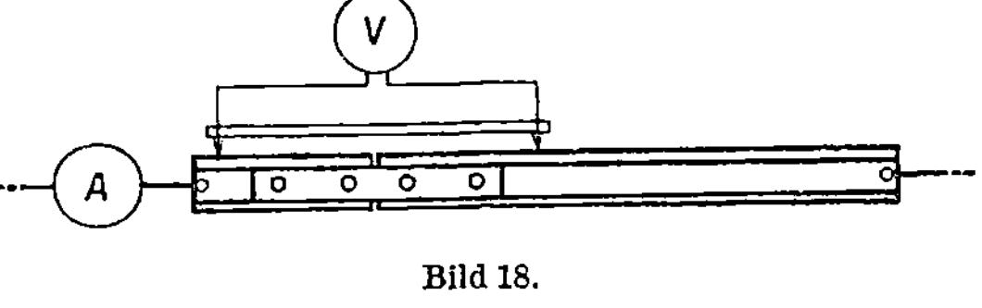

Bild 18.

nachdem der Belastungsstrom der Schienen eingeschaltet ist, einmal so aufgesetzt, daß der Schienenstoß zwischen den Schneiden liegt, ein andermal so, daß das dazwischenliegende Schienenstück nicht unterbrochen ist. Aus den Ausschlägen des Spannungsmessers kann dann leicht ausgerechnet werden, welcher unversehrten Schienenstrecke die Stoßstelle äquivalent ist.

C. Charakteristik einer Bogenlampe.

Zubehör (Bild 19):

    B Bogenlampe mit Handregelung (beachte die Polarität der Anschlüsse),

    A Strommesser für 15 und 30 Amp,

    V Spannungsmesser für 120 Volt,

    R ein Vorwiderstand (Kurbelwiderstand für stärkere Ströme),

    S ein doppelpoliger Schalter.

Versuche: Die Spannung am Bogen wird durch den Widerstand R verändert; beim Einschalten des Stromes soll R stets auf den größten einschaltbaren Wert eingestellt sein; er darf nie ganz ausgeschaltet werden.

Die Aufgabe besteht darin, daß die U_k-I-Charakteristik nacheinander für verschiedene Kohlenabstände aufgenommen wird. Die Versuche sollen bei den Abständen 2, 5, 10, 12 mm (bis der Bogen abreißt) ausgeführt werden.

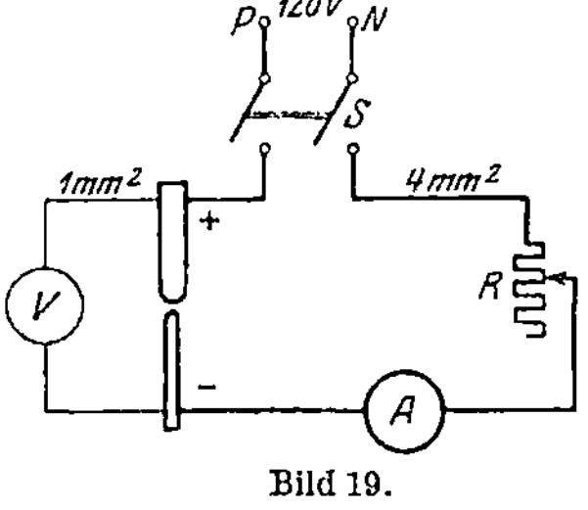

Bild 19.

Der gewünschte Abstand der Kohlen wird folgendermaßen eingestellt:

Bei geschlossenem Schalter S und ganz eingeschaltetem Vorwiderstand R wird die obere Stellschraube der Kohle auf Marke Null genau eingestellt und die untere Kohle mit der unteren Schraube vorsichtig verstellt bis zum leichten Berühren der beiden Kohlen (erkenntlich an Ausschlag in A). Man zieht dann die Kohlen mit der oberen Schraube auf den gewünschten Abstand auseinander (eine Umdrehung = 1 mm). Dabei entsteht zwischen den Kohlen ein Lichtbogen von der gewünschten Länge. Man macht dann durch stufenweises Erniedrigen von R (von 15 bis etwa 7 Ω) bei dem einmal eingestellten Kohlenabstand eine Meßreihe zur Bestimmung der zugehörenden $U_k I$-Charakteristik und unmittelbar danach mit denselben Stufen einen Rückgang der Meßreihe; während dieser Reihe bleibt die Einstellung der Kohlen unverändert. Da der Lichtbogen die Kohlen allmählich abbrennt, muß die gesamte Meßreihe rasch ausgeführt werden.

Es sind für jeden Kohlenabstand aus den gemessenen Werten die Charakteristiken für Hin- und Rückgang (Ordinate: Klemmenspannung, Abszisse: Stromstärke) aufzutragen (Kurvenschar).

Nach Beendigung der Reihe wird man auf den nächst größeren Kohlenabstand nicht dadurch übergehen können, daß die Kohlen aus der letzten Stellung um die Differenz der Abstände auseinandergezogen werden. Man wird vielmehr, da die Kohlen abbrennen, für die nächste Meßreihe wieder von der Berührung der Kohlen ausgehen müssen.

D. Charakteristik einer Punktlichtlampe.

Zubehör (Bild 20):

PL Punktlichtlampe 55 Volt, 4 Amp mit eingebautem Vorwiderstand R_2,

A Drehspul-Strommesser 5 Amp,

R_1 Schiebewiderstand 380 Ohm, 5 Amp.

KS Kurzschlußschalter.

Versuche: Es ist die Charakteristik einer Punktlichtlampe aufzunehmen. Die beiden Wolframelektroden werden durch einen Bimetall-

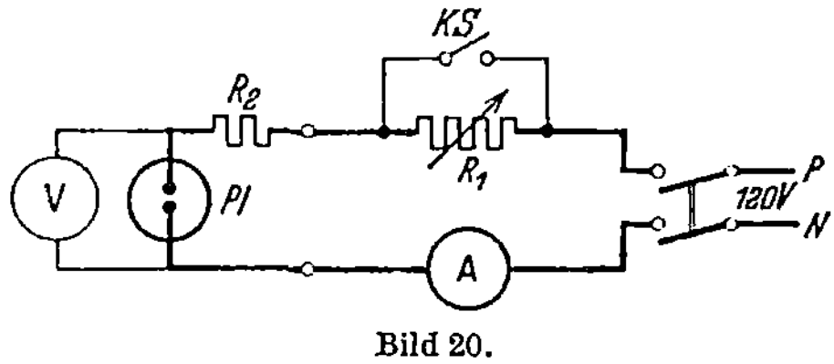

Bild 20.

streifen auseinander gehalten, so daß der Elektrodenabstand bei konstanter Temperatur (Strom) konstant ist. Um die Temperatur annähernd konstant zu halten, ist der Widerstand R_1 durch einen Kurzschlußschalter KS überbrückt, der nur kurzzeitig während der Messungen geöffnet wird. Der Widerstand R_1 wird in einzelnen Stufen zunächst verkleinert, anschließend wieder vergrößert. Die Werte für Hin- und Rückgang müssen wegen des konstanten Abstandes der Elektroden annähernd übereinstimmen.

13. Isolationsmessungen.

Zubehör (Bild 21):

ein Isolationsmesser von S. & H.,

R_x Kurbelwiderstand bis 100000 Ohm,

Doppellitze mit Anlegespitzen,

U einpoliger Umschalter,

S doppelpoliger Schalter,

Modell einer Freileitung mit mehreren Isolationswider-
ständen (Silitwiderständen) (Bild 23).

1. Jeder Spannungsmesser kann als Widerstandsmesser gebraucht
werden. Ist $R = 60000$ Ohm der Widerstand des Spannungsmessers,
so ist sein Ausschlag α bei U Volt

$$\alpha \text{ prop. } U/R$$

Schaltet man nun den zu messenden Widerstand R_x vor den Spannungsmesser, so geht der Ausschlag auf β Skt. zurück, wobei β prop.
$U/(R + R_x)$ ist. Folglich ist unabhängig von der Empfindlichkeit
des Spannungsmessers und von der Größe U, solange U konstant bleibt:

$$\frac{\alpha}{\beta} = \frac{(R + R_x)}{R} \quad \text{oder} \quad R_x = R \frac{(\alpha - \beta)}{\beta}.$$

Aus dieser Formel kann man, wenn α und β beobachtet sind, R_x
berechnen. Beim Isolationsmesser von S. & H. ist am Instrument
vorn ein kleiner Hebel H (Bild 21) angebracht, durch welchen man
mittels eines magnetischen Nebenschlusses in geringen Grenzen die

Empfindlichkeit des Apparates regeln kann. Der drehbare Knopf K gestattet, den Strom im Spannungsmesser aus- oder umzuschalten. Will man nun einen Widerstand R_x unter Benutzung einer Betriebsspannung von ungefähr 120 Volt messen, so macht man die Schaltung nach Bild 21. Liegt der Umschalter U auf Kontakt a, so dreht man den Reglerhebel H so lange, bis der Zeiger genau auf Teilstrich 120 zeigt, dann schaltet man Umschalter U auf Kontakt b und liest den Ausschlag β ab; daraus findet man:

$$R_x = 60000 \frac{120 - \beta}{\beta} \text{ Ohm}.$$

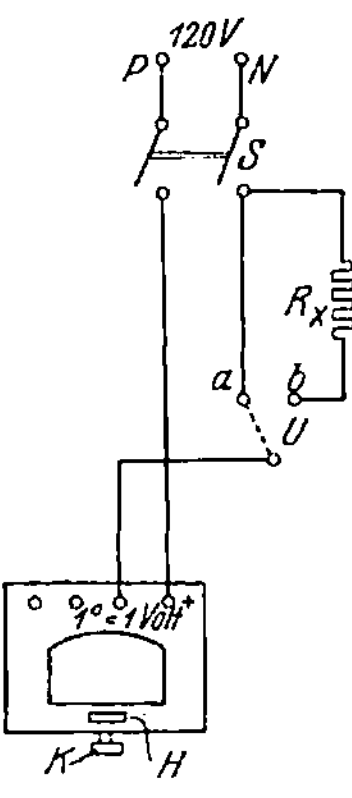

Nach dieser Formel ist auf dem Apparat eine Skale gezeichnet, welche R_x direkt abzulesen gestattet.

Versuche: Zunächst wird für R_x ein Kurbelwiderstand eingeschaltet, der Widerstände bis zu 100000 Ohm enthält; die Richtigkeit der Tausender und der Zehntausender dieses Widerstandes ist mit der gleichmäßigen 120 teiligen Skale bzw. der direkten Ohmskale zu prüfen. Danach sind nach dieser Methode

Bild 21

die drei Silitwiderstände, die später bei den Versuchen unter 2. Verwendung finden, zu messen. Sie sind bei der Messung in die Sockel mit den federnden Klemmen einzulegen.

2. Es sollen die Isolationswiderstände der positiven und der negativen Leitung einer Gleichstromübertragung gemessen werden. Dazu legt man den Isolationsmesser zuerst zwischen die $+$- und die $-$-Leitung, Ausschlag sei α; dann zwischen $+$-Leitung und Erde, gibt Ausschlag β; und schließlich zwischen $-$-Leitung und Erde. Bei der ersten Messung erhält man einen der Betriebsspannung proportionalen Ausschlag; bei der zweiten sind, wenn man vom $+$-Pol ausgeht (s. das Bild 22) der Isolationswiderstand R_+ und der Widerstand R_m des Isolationsmessers parallel geschaltet, dahinter gelangt man durch den Widerstand R_- zum negativen Pol. Folglich verhalten sich die Spannungen, $+$-Pol Erde zu $+$-Pol $-$ Pol, wie

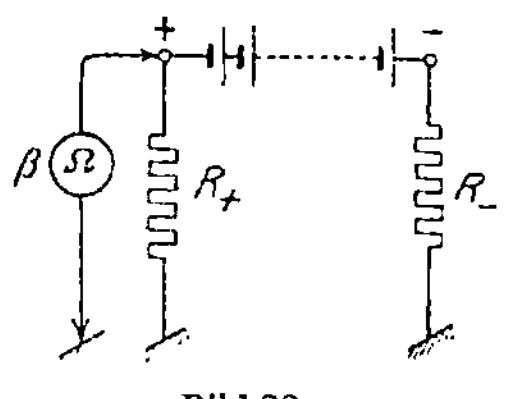

Bild 22.

$$\frac{R_+ R_m}{R_+ + R_m} : \left(\frac{R_+ R_m}{R_+ + R_m} + R_- \right)$$

oder

$$\beta : \alpha = R_+ R_m : (R_+ R_m + R_- R_m + R_+ R_-)$$

Ebenso folgt aus der dritten Messung

$$\gamma : \alpha = R_- R_m : (R_+ R_m + R_- R_m + R_+ R_-)$$

und daraus

$$R_+ = R_m (\alpha - \beta - \gamma)/\gamma$$
$$R_- = R_m (\alpha - \beta - \gamma)/\beta$$

Und die Gesamtableitung der miteinander verbundenen, spannungslosen beiden Leiter gegen Erde

$$A = \frac{\beta + \gamma}{R_m\,(x - \beta - \gamma)}$$

Die so gemessenen Widerstände R_+ und R_- setzen sich aus zwei parallel geschalteten Teilen zusammen: den Isolierwiderständen der Batteriepole gegen Erde R_{+b} und R_{-b} und denen der daran angeschlossenen Fernleitung R_{+l} und R_{-l}. Daraus folgt:

$$\frac{1}{R_+} = \frac{1}{R_{+b}} + \frac{1}{R_{+l}} \quad \text{und} \quad \frac{1}{R_-} = \frac{1}{R_{-b}} + \frac{1}{R_{-l}}$$

Macht man nun dieselben Messungen an den Batteriepolen ohne angeschlossene Fernleitungen, so ergeben diese direkt: R_{+b} und R_{-b}, und aus beiden Messungen berechnet man die für die Fernleitung allein gültigen Werte: R_{+l} und R_{-l}.

Die Messungen werden an einem kleinen Modell einer Freileitung, das in Bild 23 dargestellt ist, ausgeführt. Die Leitungen des Modelles sind auf Porzellanisolatoren verlegt, deren Isolationswiderstand als unendlich groß angesehen werden kann.

Die Ableitungen werden künstlich durch Silitwiderstände hergestellt, die in die zugehörigen Schellen eingesetzt werden. Man mache die Messungen mit einem Isolationsmesser, dessen Eigenwiderstand $R_m = 60\,000\ \Omega$ beträgt, berechne R_+ und R_- einmal mit angeschlossener, das andere Mal ohne angeschlossene Fernleitung und vergleiche die gefundenen Werte für R_{+l} und R_{-l} mit den direkten Messungen der Silitwiderstände. Schließlich berechne man die Spannungen, die die Einzelleiter bei diesem Isolationszustand gegen Erde annehmen. Sie sind:

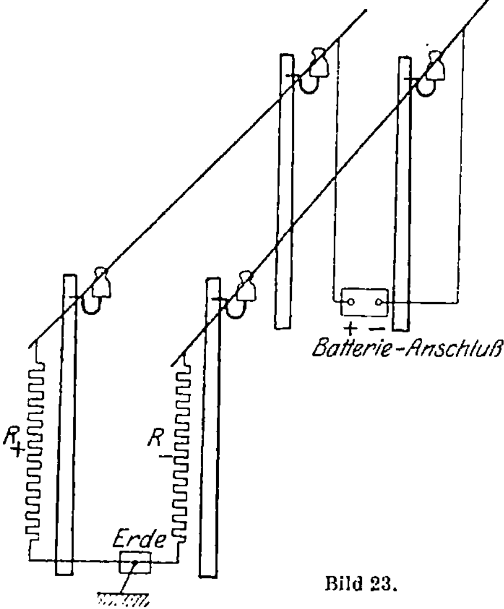

Bild 23.

$$U_+ = U\,\frac{R_+}{R_+ + R_-} \quad \text{und} \quad U_- = U\,\frac{R_-}{R_+ + R_-}$$

Danach nehme man die Silitwiderstände wieder aus der Anlage heraus und benetze die Isolatoren mittels einer Blumenspritze mit Wasser und wiederhole die Messungen, die dem Zustand der Anlage bei Regen entsprechen.

14. Messung von Erdwiderständen.

Zubehör:

Tr Transformator für $\ddot{u} \approx 30:1$,

R_v Vorwiderstand 380 Ω für 5 Amp,

S zweipoliger Schalter,

s—s Schleifdraht,

r Stöpselwiderstand $0 \div 1000\ \Omega$,

T Kopffernhörer 1000 Ω,

US doppelpoliger Umschalter,

R_x Erder, bestehend aus drei Rohren in der Anordnung nach Bild 24,

R_H Hilfserder nach Bild 24,

S_0 Sondenerder.

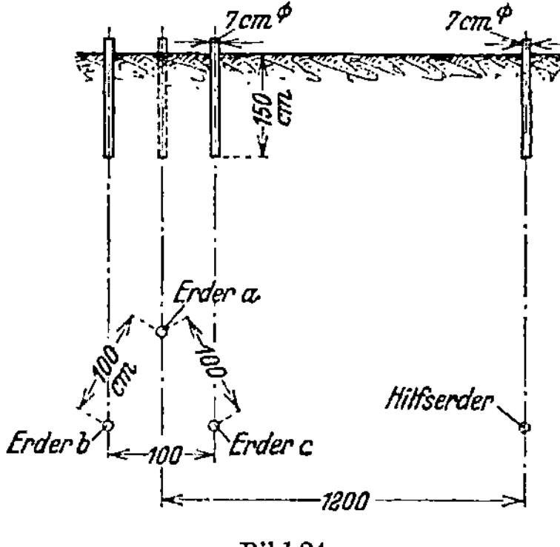

Bild 24.

Grundlagen [1]: Wird eine Spannung U an zwei zylinderförmige (Rohre) Elektroden A und B gelegt (Bild 25), die in das Erdreich eingetrieben sind, so entsteht ein Strom, dessen Stromfäden sich in der Nähe der Elektroden zusammendrängen. Daraus folgt, daß in der Nähe der Elektroden ein starker Spannungsabfall eintritt, dagegen in der Zone dazwischen nur ein verhältnismäßig geringer. Diejenige Fläche in der Umgebung des Erders, innerhalb der ein starker Spannungsabfall eintritt, bezeichnet man als Sperrfläche.

Man kann also angenähert das Gebiet **zwischen** den Sperrflächen vernachlässigen und die Gesamtspannung in die Summe der beiden Teilspannungen U_A und U_B zerlegen, die den Sperrflächen zukommt; ebenso zerfällt der Gesamtwiderstand zwischen den beiden Erdern in die Widerstände R_A und R_B, die den beiden Sperrflächen zugehören. Aus einer Messung der Spannung U und des

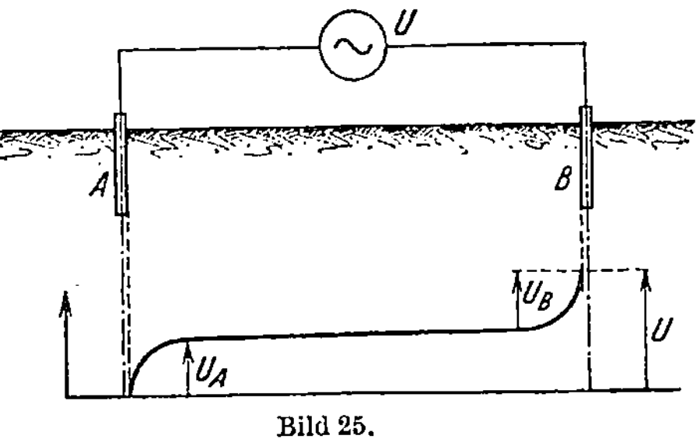

Bild 25.

Stromes I erhält man nur die **Summe** $R_A + R_B$. Um auch den Widerstand eines **Einzelerders** zu bekommen, verfährt man nach **Wiechert** (ETZ 1893, S. 726) folgendermaßen:

Es sei

R_x der Widerstand des zu untersuchenden Erders,

R_h der Widerstand eines Hilfserders, der einen so großen Abstand von R_x hat, daß die Sperrflächen sich nicht überschneiden.

---

[1] Literatur: O l l e n d o r f f, Erdströme. Berlin: Julius Springer 1926. Vorschriftenbuch des VDE.

S_0 eine in die Erde getriebene Sonde, die stromlos bleibt und die nur zur Abnahme des Potentials dient.

Es wird dann nach Bild 26 geschaltet (Wheatstonesche Brücke); r ist ein passend gewählter Hilfswiderstand von genau bekannter Größe. In der Stellung 1 des Umschalters (r kurzgeschlossen) erhält man aus der Einstellung am Schleifdraht das Verhältnis

$$R_x : R_H = p,$$

in der Stellung 2 (r eingeschaltet)

$$r : (R_x + R_H) = q.$$

Daraus folgt:

$$R_x = \frac{p\,r}{(p+1)\,q} \qquad R_H = \frac{r}{(p+1)\,q}\;.$$

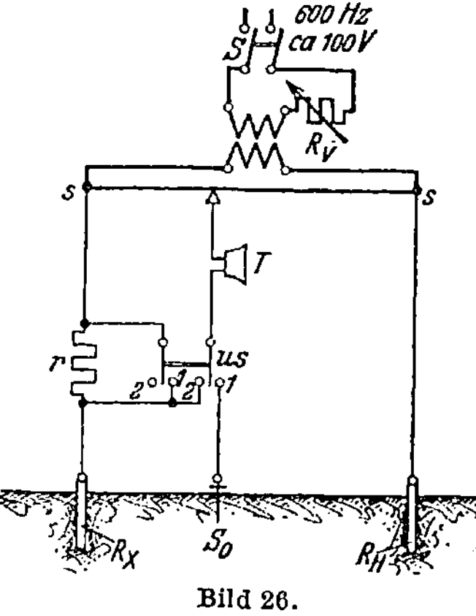

Bild 26.

Versuche:

a) Messung des Ausbreitungswiderstandes.

Die Versuche werden mit Wechselstrom ausgeführt, um die an den Elektroden auftretenden Polarisationen einigermaßen unschädlich zu machen. Die Lage der Stromfäden ist in gewissem Grade von der Frequenz des Wechselstromes abhängig; die Messungen sind daher streng genommen nur für Wechselstrom derjenigen Frequenz gültig, mit der sie ausgeführt worden sind.

Der Sondenerder wird etwa in der Mitte zwischen dem Haupterder und dem Hilfserder in das Erdreich gesteckt. Es werden nacheinander zuerst die Einzelwiderstände der Rohrerder a, b, c und des Hilfserders bestimmt, sodann der Widerstand zweier parallelgeschalteter Rohre des Haupterders, schließlich der Widerstand des gesamten Haupterders.

Aus dem mittleren Widerstand R eines Erders wird die Leitfähigkeit λ des Erdreiches in Siemens/cm nach der folgenden Gleichung ermittelt:

$$R = \frac{\ln \dfrac{2\,l}{a_1}}{2\,\pi\,\lambda\,l} \qquad \begin{array}{l} l = \text{Länge des Rohres in der Erde} \\ a_1 = \text{Rohrhalbmesser} \end{array} \left.\begin{array}{l} \\ \\ \end{array}\right\} \begin{array}{l} \text{alle Maße} \\ \text{in cm} \end{array}$$

Sind die Rohre a, b, c weit genug voneinander entfernt, d.h. überdecken sich ihre Sperrflächen nicht, so kann man beim Parallelschalten von zwei oder drei Rohren die resultierenden Widerstände aus den üblichen Formeln für parallelgeschaltete Widerstände berechnen. Sind aber, wie gewöhnlich, die Abstände geringer, so stimmt der so berechnete „ideelle" Wert mit dem direkt gemessenen nicht überein. Das Verhältnis des ideellen Widerstandswertes zum gemessenen heißt der räumliche Gütegrad der Zwei- oder Dreirohranordnung; er ist durch den Versuch zu bestimmen.

b) Aufnahme des Spannungstrichters.

Als Haupterder wird nur das Rohr a angeschlossen. Der Sondenerder wird zuerst sehr dicht am Rohr a in die Erde gesteckt und sodann auf den Verbindungsgraden vom Rohr a zum Hilfserder allmählich vom Haupterder entfernt. Für jeden Abstand des Sondenerders vom Haupterder, der gemessen wird, wird nach der oben beschriebenen Methode von Wiechert der Widerstand des Haupterder-Rohres a gegen Sondenerder S_0 in Abhängigkeit von dem Abstand zwischen Rohrerder a und Sondenerder berechnet. Das Ergebnis ist in einer Kurve darzustellen, welche somit den Spannungstrichter für einen Erderstrom von 1 Amp angibt.

III. Strom- und Spannungsmessung.

15. Allgemeines über Strom- und Spannungsmessung.

a) Einheiten. Das Deutsche Gesetz über die elektrischen Einheiten vom 1. Juli 1898 bestimmt:

3. Das Ampere ist die Einheit der elektrischen Stromstärke. Es wird dargestellt durch den unveränderlichen elektrischen Strom, welcher bei dem Durchgange durch eine wässerige Lösung von Silbernitrat in einer Sekunde 0,001 118 g Silber niederschlägt.

4. Das Volt ist die Einheit der elektromotorischen Kraft. Es wird dargestellt durch die elektromotorische Kraft, welche in einem Leiter, dessen Widerstand 1 Ohm beträgt, einen elektrischen Strom von einem Ampere erzeugt.

Die Definition des Ampere hat den praktischen Nachteil, daß sie nur eine Anweisung enthält, wie man sich die Einheit der Stromstärke herstellen kann, aber keinen im Handel erhältlichen Gegenstand darstellt.

Aus diesem Grunde pflegt man in der Praxis sog. Gebrauchseinheiten zu benutzen, die eine Einheit der Spannung darstellen; als solche wird heute allgemein das sog. Westonelement benutzt, das in Bild 27 dargestellt ist. Die negative Elektrode besteht aus Kadmiumamalgam, die positive aus reinem Quecksilber; darüber befindet sich eine aus Mercurosulfat gebildete Paste, über dem Amalgam liegt eine Schicht von Cadmiumsulfatkrystallen. Das Element ist mit einer Lösung aus beiden Salzen angefüllt.

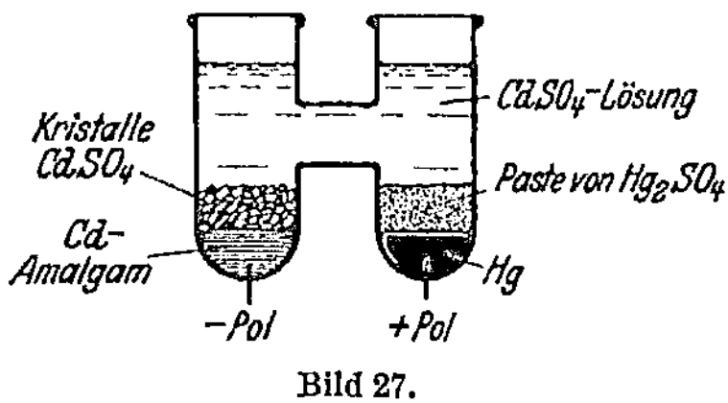

Bild 27.

Als EMK für ein richtig hergestelltes Normalelement gilt die Formel
$$E_t = 1{,}0183_0 - 0{,}000040\,6\,(t - 20^{\circ})\;V.$$

Daneben sind Elemente mit **verdünnter** Lösung im Handel, die die EMK $1{,}018_7\,V$ besitzen. Es ist Aufgabe der Phys. Techn. Reichsanstalt, die Bestimmung dieser Zahlen und ihre ständige Kontrolle durch Messungen mit dem Silbervoltameter auszuführen.

b) Die **Kompensationsmethode** dient zum Vergleich zweier Spannungen miteinander; man kann also damit eine unbekannte Spannung

U_x mit der Spannung U_N eines Normalelementes vergleichen. Andrerseits kann man auch den Spannungsabfall eines von einem beliebigen, zu messenden Strom I_x durchflossenen Normalwiderstandes, d.h. $I_x R_N$ mit einem Normalelement vergleichen und dadurch I_x messen, wenn R_N bekannt ist. Dadurch wird die Methode zur Messung jeder Spannung und jedes Stromes geeignet.

Das Schaltschema der Methode ist in Bild 28 dargestellt. Eine Spannung U_1 ist durch den Widerstand R_{AC} geschlossen; dann erhält man in diesem Kreise einen Hilfsstrom i_h, der der Gleichung

$$U_1 = i_h R_{AC}$$

genügt. Greift man nun an dem Widerstand R_{AC} einen Teilwiderstand R_{AB} ab, so ist die Spannung zwischen AB gleich $i_h R_{AB}$. Man macht nun R_{AB} so groß, daß diese einer zweiten beliebigen Spannung U_2, die kleiner als U_1 sein muß, gleich wird, d.h.

$$U_2 = i_h R_{AB}$$

Schaltet man nun U_2, so wie im Bild 28 dargestellt, in einen Abzweig

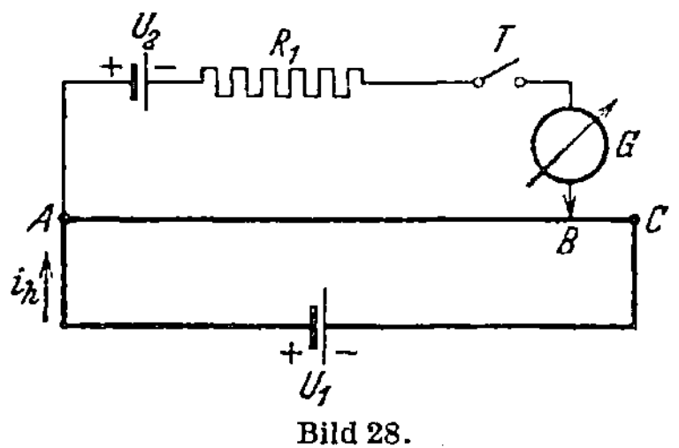

über AB, so wird dieser Abzweig stromlos und man kann die Stromlosigkeit durch ein empfindliches Galvanometer G feststellen, wenn man den Taster T niederdrückt. (R_1 ist ein Sicherheitswiderstand für das Galvanometer).

Dann ist:

Bild 28.

$$U_1 : U_2 = R_{AC} : R_{AB}.$$

Für die Anwendung ist die Erkenntnis wichtig, daß die Spannungsquelle U_2 während der Messung stromlos bleibt. Dagegen wird U_1 Strom entnommen. U_1 ist also die Klemmenspannung bei dieser Stromentnahme; sie stimmt nur bei schwachen Strömen mit der EMK der Energiequelle überein.

Anwendungen der Kompensationsmethode s. Nr. 16.

c) Direkt zeigende Meßapparate. Bei fast sämtlichen direkt zeigenden Meßapparaten ist das bewegliche System um eine Achse drehbar; die Achse besteht meist aus Stahldraht mit hochglanzpolierten Spitzen, die zwischen zwei Lagersteinen (z.B. Rubinen) gelagert sind. Auf das bewegliche System wirken zwei Drehmomente, die, wenn das System zur Ruhe gekommen ist, sich das Gleichgewicht halten, nämlich 1. das ablenkende Drehmoment, das von der zu messenden Größe (z.B. Spannung oder Stromstärke) abhängig ist und 2. das Richtdrehmoment, z.B. ein Paar Spiralfedern. Dazu kommen während der Bewegung dämpfende Kräfte, die am besten so groß sein sollen, daß das System aus einer Gleichgewichtslage in eine neue aperiodisch übergeht. Die Dämpfung ist meistens entweder elektromagnetisch (Metallscheibe oder Metallzylinder zwischen Magnetpolen), oder mechanisch (Dämpferflügel in einem ihn dicht umschließenden Luftkasten).

α) **Drehspulapparate.** Der feststehende Teil besteht aus einem Hufeisenmagnet mit Polschuhen (NS in Bild 29), die eine zylindrische Bohrung besitzen. In diese Bohrung ist ein zylindrischer Eisenkern eingesetzt, um den magnetischen Widerstand für die Kraftlinien möglichst klein zu machen. Zwischen Eisenzylinder und Bohrungswandung bleibt ein enger zylindrischer Luftspalt bestehen, durch den sich die bewegliche Spule drehen kann. Das Drehmoment, das auf die Spule wirkt, ist proportional $f \cdot n \cdot \mathfrak{B} \cdot i$, wo f die Fläche des Wickelrechtecks, n die Windungszahl, $\mathfrak{B}$ die radiale Induktion im Luftspalt bedeutet. Da andrerseits das Drehmoment der Richt-
federn proportional dem Verdrillungs-
winkel α ist, so wird $\alpha \sim i$, oder

$$i = C_i\, \alpha$$

C_i nennt man die Instrumentkonstante.
Bei Schaltbrettapparaten macht man
meist $C_i = 1$, d.h. man liest an der Skala
direkt die zu messende Stromstärke ab;
die proportionale Teilung der Feininstru-
mente ist aber meist von 0—150 durch-

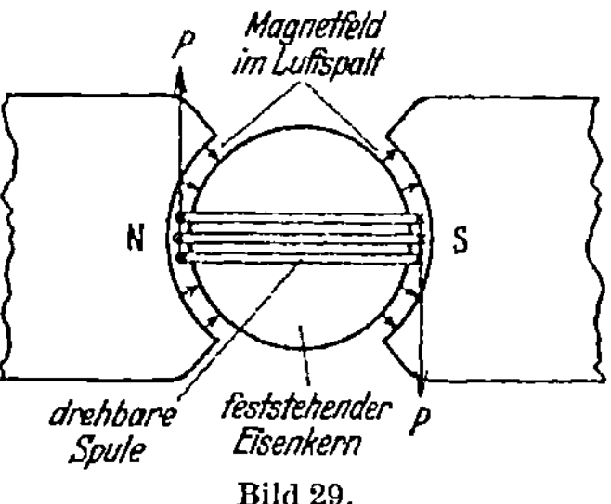

Bild 29.

geteilt; die Apparate werden dann praktisch so eingeteilt, daß C_i eine einfache Zahl ist. Z. B. Potenz von 10 (für sog. Milliamperemeter $C_i = 1/1000$).

Anwendung als **Spannungsmesser.** Ist R_m der Widerstand des Drehspulapparates zwischen seinen Klemmen, so ist die Klemmen-spannung

$$U = R_m\, i = (R_m\, C_i)\, \alpha$$
$$U = C_u\, \alpha \qquad C_u = R_m\, C_i$$

Man kann also theoretisch jeden Strommesser auch als Spannungsmesser brauchen, und seine Konstante C_u als Spannungsmesser aus C_i und R_m berechnen. Es sind aber zwei Punkte zu beachten: 1. R_m muß konstant, z.B. von der Temperatur praktisch unabhängig sein; es muß also die Kupferspule einen ziemlich großen Vorwiderstand aus Manganin besitzen. 2. Der an zwei Punkte geschlossene Spannungsmesser zeigt zwar richtig die Spannung zwischen diesen beiden Punkten an, so lange er wirklich angeschlossen ist. Es kann aber
sein, daß diese Spannung sich ändert,
wenn der Spannungsmesser abgenommen
wird, weil dadurch sich die Stromvertei-
lung in dem System ändert. Seien z.B.
zwei gleiche Lampen von je r Ohm

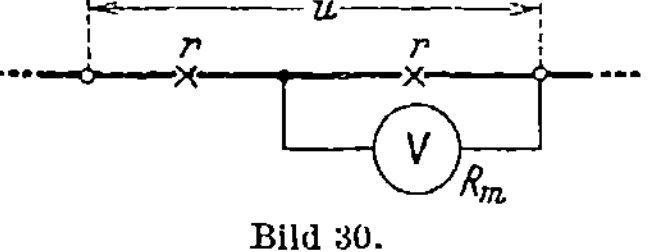

Bild 30.

Widerstand hintereinander an die Spannung u gelegt (Bild 30), so ist die Spannung an einer Lampe natürlich $\dfrac{u}{2}$. Würde man versuchen diese Spannung dadurch zu messen, daß man einen Spannungsmesser mit dem Gesamtwiderstand R_m an diese Lampe legt, so würde der Spannungsmesser anzeigen $u \dfrac{r R_m}{r + R_m} : \left(r + \dfrac{r R_m}{r + R_m} \right)$, d. i. nach einiger

Umrechnung $\dfrac{u}{2}\,\dfrac{1}{1+\dfrac{r}{2\,R_m}}$, d. i. nur dann $\approx \dfrac{u}{2}$ wenn R_m groß gegen r ist.

Dieser Satz gilt allgemein, und kann folgendermaßen ausgesprochen werden:

Der Spannungsmesser mißt die Spannung zwischen zwei Punkten eines Stromsystems nur dann richtig, wenn der sog. innere Widerstand zwischen diesen Punkten (im Beispiel $r/2$) klein ist gegen den Widerstand R_m des Spannungsmessers. Man gibt daher gern Spannungsmessern einen recht großen Widerstand. Daraus folgt unmittelbar, daß zur Messung sehr kleiner Spannungen nur sehr stromempfindliche Apparate brauchbar sind.

Anwendung als Strommesser für große Ströme. Man schaltet in den zu messenden Strom I einen passenden Normalwiderstand R_N (Bild 31) und legt an seine Potentialklemmen einen empfindlichen Spannungsmesser. Ist u_k der Spannungsabfall im Instrument bzw. am Widerstand R_N, so wird

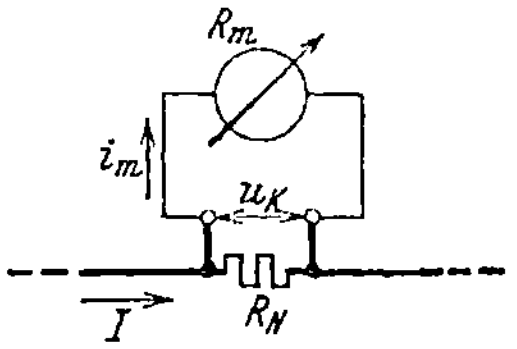

folglich

$$u_k = i_m\,R_m = (I - i_m)\,R_N = C_u\,\alpha$$

$$I = C_u\left(\frac{1}{R_N} + \frac{1}{R_m}\right)\alpha$$

$$C_{\mathrm{Nschl}} = C_u\left(\frac{1}{R_N} + \frac{1}{R_m}\right)$$

Bild 31.

Ist z. B. $C_u = {}^1/_{1000}$, $R_m = 1$, und soll $C_{\mathrm{Nschl}} = 1$ werden, so hat man $R_N = {}^1/_{999}$ zu wählen.

β) Dreheisenapparate. Bei diesen ist die stromdurchflossene Spule fest; ein an einer drehbaren Achse befestigtes Eisenstückchen wird durch die Spule magnetisiert und in die Spule hineingezogen; je nach der Form der festen Spule unterscheidet man die Flachspultype und die Rundspultype. Die Flachspultype gibt günstige, gut ausnutzbare Magnetfelder, die Rundspultype bietet konstruktive Vorteile. Das Eisenblech muß aus sehr guten Spezialeisensorten hergestellt sein, wenn sich nicht die Hystereseeigenschaften des Eisens unangenehm bemerkbar machen sollen.

Als äußere Richtkraft wird manchmal die Schwerkraft angewendet, besser ist auch hier die Anwendung von Spiralfedern. Gedämpft werden die Apparate fast immer durch Luftdämpferflügel. Mit Vorwiderständen passender Größe werden die Apparate als Spannungsmesser ausgebildet. Dagegen sind sie nicht empfindlich genug, um mit Nebenwiderständen für größere Stromstärken gebraucht werden zu können.

Die Ausschläge sind bei guten Apparaten von der Stromrichtung praktisch unabhängig; sie sind also auch für Wechselströme brauchbar.

γ) Hitzdrahtapparate. Die Ausdehnung, die ein Draht infolge von Temperaturerhöhung erfährt, ist nur gering. Man benutzt deshalb nach Hartmann und Braun besser die seitliche Auslenkung, die dadurch möglich ist.

Hat der Draht die Länge $2\,l$ und wird l durch die Temperaturerhöhung θ um $\delta l = l\,\gamma\,\theta$ vergrößert, so ist die seitliche Auslenkung

$$\delta x \approx \sqrt{2\,l\,\delta l}$$

und das „Übersetzungsverhältnis"

$$\delta x : \delta l = \sqrt{2\,l/\delta l} = \sqrt{2/\gamma\,\theta}$$

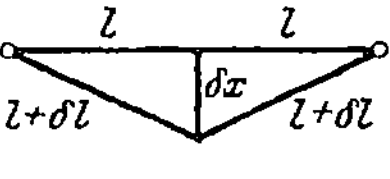

Bild 32.

Für die meisten Metalle ist $\gamma \approx 2 \cdot 10^{-5}$; folglich für $\theta = 100$, $\delta x : \delta l = 32$.

In den Hitzdrahtapparaten von Hartmann und Braun ist dieses Meßprinzip zweimal hintereinander angewandt (s. Bild 33).

(Draht a nach b ausgelenkt, Draht be nach d, beide durch f gespannt gehalten.)

Die Ausschläge sind von der Stromrichtung unabhängig; die Apparate sind also auch zur Messung von Wechselströmen brauchbar. Hierin lag ihre große praktische Wichtigkeit. Sie werden mit Vorwiderständen zur Messung von Spannungen, mit Nebenwiderständen zur Messung größerer Ströme gebraucht. Ihre Empfindlichkeit ist wesentlich geringer als diejenige von guten Drehspulapparaten.

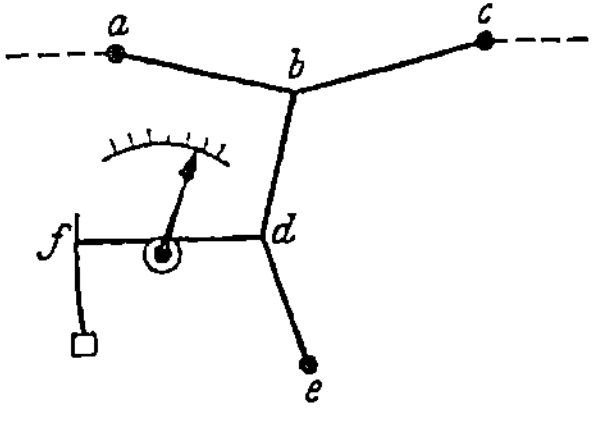

Bild 33.

δ) Galvanometer sind Strommeßapparate hoher Empfindlichkeit. In der Praxis werden fast ausschließlich Apparate mit Drehspulsystemen angewandt. Die Systeme sind aber nicht fest gelagert, sondern an einem feinen Metallband aufgehängt, das einerseits die Richtkraft liefert und andrerseits zur Stromzuführung dient. Die zweite Stromzuführung wird meist durch eine sehr feine Drahtspirale am untern Ende der Spule gebildet.

Die Ablenkungen der Spule werden meist durch eine Spiegelablesung festgestellt; für geringe Genauigkeit genügt auch ein Metallzeiger (sog. Türmcheninstrumente, nach dem Türmchen genannt, in dem sich der Aufhängefaden befindet).

Bewegt sich die Spule durch das Magnetfeld des Dauermagneten, so wird in ihr ein EMK induziert. Es entsteht dadurch je nach der Größe des Widerstandes des Leitersystems, das an die Galvanometerklemmen geschlossen ist, ein Bremsstrom, der die Schwingungen des beweglichen Systemes dämpft. Das Galvanometer kommt am schnellsten zur Ruhe, wenn die Dämpfung den sog. aperiodischen Grenzzustand herbeiführt; dem entspricht ein ganz bestimmter Widerstand, den das äußere Stromsystem zwischen den Galvanometerklemmen hat; er heißt der Grenzwiderstand; er muß für jedes Galvanometer bekannt sein, wenn man damit richtig arbeiten will. Es kann z. B. leicht vorkommen, daß man zur Verringerung der Empfindlichkeit zu den Galvanometerklemmen einen kleineren Widerstand parallel schaltet, der unter dem Grenzwert liegt. Dann wird die Dämpfung zu groß und das System „kriecht".

Bei Nullmethoden (Wheatstonesche Brücke, Kompensationsmethoden) soll durch das Galvanometer auf eine Spannung Null eingestellt werden bzw. eine sehr kleine Spannung gemessen werden. Dafür ist im allgemeinen ein Galvanometer von kleinem Widerstand (geringe Windungszahl der Spule) am günstigsten; damit tritt dann in der Regel von selber auch ein erträglicher Dämpfungszustand ein.

Demgegenüber ist bei Isolationsmessungen, wo der äußere Widerstand praktisch unendlich groß ist, ein Galvanometer mit viel Windungen (hohem Spulenwiderstand) am Platze.

16. Spannungsmessung nach der Kompensationsmethode.

Zubehör (Bild 34):

N Normalelement $(U_N = 1{,}018_3 \text{ Volt})$,
X_1 Bleiakkumulator (eine Zelle),
X_2 Edison-Akkumulator,
X_3 Trockenelement,
H Hilfsbatterie 4 Volt,
R_1 Kurbelwiderstand 2000 Ohm,
R_2, R_3 Schiebewiderstände 4 Ohm,
A_1 Strommesser 1 Amp,
A_2 Strommesser 2,5 Amp,
G Galvanometer,
T Taster,
S_1 zweipoliger Ausschalter,
S_2 zweipoliger Umschalter,
ABC Schleifdraht.

a) Methode ohne Hilfsspannung.

An die Stelle U_1 der Kompensationsschaltung (vgl. Nr. 15 b) werden nacheinander die Elemente X_1, X_2, X_3 gebracht. Die Widerstände R_{AB}, R_{AC} aus Bild 28 werden durch einen Schleifdraht von gleichmäßigem Querschnitt gebildet. Sie verhalten sich also zueinander wie ihre Längen, d. h.

$$U_x : U_N = AC : AB.$$

Diese Methode setzt voraus, daß die Klemmenspannung der Elemente X durch die Stromentnahme bei der Messung gegenüber der EMK nicht merklich sinkt. R_{AC} darf also nicht zu klein sein.

Beim ersten Probieren darf der Schutzwiderstand R_1 zur Schonung des Normalelements unter keinen Umständen ausgeschaltet sein; erst nachdem die Nulleinstellung des Galvanometers mit Schutzwiderstand erreicht ist, darf er allmählich verkleinert und schließlich kurzgeschlossen werden. Dabei ist die Nullstellung des Galvanometers dauernd zu kontrollieren.

b) Methode mit Hilfsspannung.

Der Nachteil der Methode a) besteht darin, daß man X mit i_h belastet, außerdem muß $U_x > U_N$ sein. Man vermeidet diese Nachteile, indem man eine Hilfsspannung U_h anwendet, die in den Hauptzweig an die Stelle H kommt (Bild 34). Dann werden mittels Umschalters S_2 nacheinander die Spannungen U_N und U_x gegen die mit U_h proportionale U_{AC} kompensiert. Die erste Kompensation gegen U_N wird allein mit dem Widerstand R_3 vorgenommen; damit wird ein fester Hilfsstrom i_h eingestellt, der bei den weiteren Einstellungen nicht verändert werden darf. Darum muß die zweite Kompensation (U_x gegen U_h) nur durch Verschieben des Schleifkontaktes B erfolgen; denn dadurch wird der Gesamtwiderstand des Hauptkreises ($R_3 + R_{AC}$) nicht verändert.

Liegt Schalter S_2 auf U_N, so werde

$$AB = l$$

liegt er auf X, so werde

$$AB' = l'$$

eingestellt, dann ist

$$U_N = i_h\, R_{AB};$$
$$U_x = i_h\, R_{AB'};$$
$$U_x : U_N = l' : l\,.$$

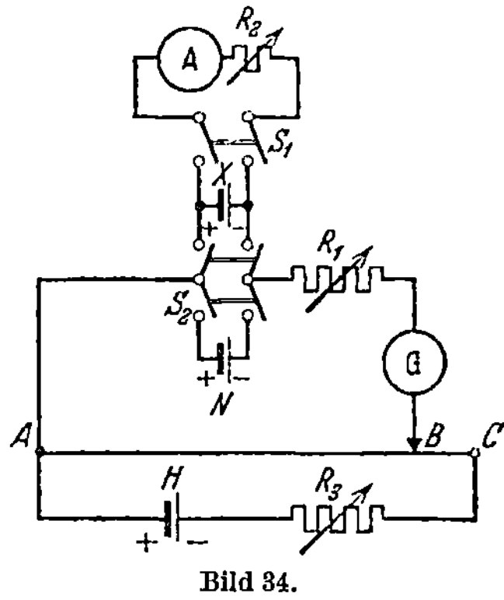

Bild 34.

Bei allen diesen Messungen wird jede Galvanometereinstellung wie unter a zuerst mit Schutzwiderstand R_1 und dann ohne ihn ausgeführt.

Nach dieser Methode soll die Klemmenspannung eines Akkumulators gemessen werden, wenn er — ausgehend vom unbelasteten Zustand — durch R_2 allmählich stufenweise bis zu seinem Nennstrom belastet wird. Bei jeder Stufe ist der Schleifkontakt B einzustellen, bei dem das Galvanometer stromlos wird. Am Schluß der Reihe ist mit S_2 das Normalelement wieder einzuschalten und zu prüfen, ob sich etwa während der Reihe der Hilfsstrom i_h geändert hat. Es wird die Klemmenspannung des Akkumulators als Funktion des Belastungsstromes in einem Schaubild dargestellt.

Es ist für das Verständnis der Methode wichtig, daß die Ströme im Belastungskreis des Akkumulators und im Kompensationskreis durch die verbindenden stromlosen Kompensationsleitungen nicht im geringsten geändert werden.

17. Eichung von Meßinstrumenten.

Zubehör:

V_1 Drehspul-Spannungsmesser ⎫
V_2 Dreheisen-Spannungsmesser ⎬ mit gleichmäßiger 100 teiliger Skala
V_3 Hitzdraht-Spannungsmesser ⎭

V, A kombinierter Spannungs- und Strommesser 3, 15, 150 Volt; 0,15, 1,5, 15 Amp,

R_1 Schiebewiderstand 100 Ω; 1,5 Amp,

R_2 Schiebewiderstand 15 Ω; 4 Amp.

Für den Versuch stehen drei Schalttafelspannungsmesser mit den wichtigsten Meßwerken zur Verfügung (Drehspul-, Dreheisen- und Hitzdraht-Instrument, vgl. Nr. 15c). Sie sind nicht mit fertigen Skalen versehen, vielmehr ist der volle Ausschlagwinkel in 100 gleiche Teile geteilt, es wird also an ihnen der jeweilige Ausschlag in % des Vollausschlages abgelesen. Es sollen für diese Instrumente die in Volt geteilten Skalen gezeichnet werden. Dazu wird die Schaltung nach Bild 35 aufgebaut. Das Instrument V ist dabei durch den zugehörigen Stöpsel auf den Meßbereich $1^0 = 1\ V$ zu schalten. Die Gleitkontakte der beiden Schiebewiderstände R_1 und R_2 sind zunächst ganz an die zusammengeschalteten Enden zu schieben (Spannungen V gleich Null). Dann wird der Schalter eingelegt und die Spannung an den Instrumenten mittels R_1 grob, mittels R_2 feinstufig gesteigert. An dem Vergleichsinstrument V sind zehn Werte einzustellen und die zugehörigen Ausschläge der zu eichenden Spannungs

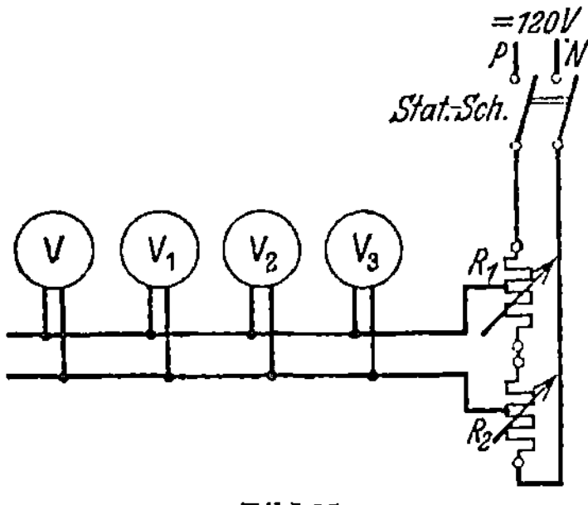

Bild 35.

messer abzulesen, bis der Vollausschlag erreicht ist. Der Reihe mit steigenden Spannungen fügt man einen Rückgang mit fallenden an. In einem Diagramm ist der Zusammenhang zwischen Ausschlag und Spannung für die drei Instrumente zeichnerisch darzustellen. Außerdem sind die in Volt geteilten Skalen zu entwerfen. Sie können für einen maximalen Ausschlag von 100 Winkelgraden gezeichnet werden.

Es soll weiter der Leistungsbedarf der Instrumente bestimmt werden. Dazu werden sie nacheinander einzeln unter Vorschaltung des Strommessers A an den Spannungsteiler angeschlossen, Bild 36. Meßbereich des Strommessers bei V_1 und V_2: $1^0 = 0,001$ Amp, bei V_3: $1^0 = 0,01$ Amp.

Mittels des Spannungsteilers wird der Vollausschlag eingestellt und die zugehörige

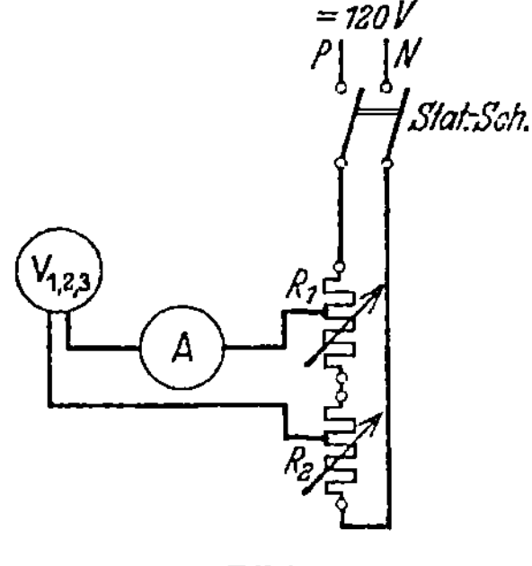

Bild 36.

Stromstärke I abgelesen. Dann ergibt sich der Widerstand der Instrumente aus:

$$R = U : I,$$

der Leistungsbedarf aus:

$$N = U \cdot I,$$

wozu U aus dem ersten Versuch bekannt ist.

18. Prüfung eines Gleichspannungs- und Gleichstrommessers mit dem Kompensator.

Zubehör:

Kompensator von S. & H. (Raps) (Bild 37),

H Akkumulatorenbatterie 12 Volt,

E_N Normalelement ($E_N = 1{,}018_3$ Volt) (s. S. 33),

G Spiegelgalvanometer mit objektiver Ablesung,

R Regelwiderstand;

außerdem für die Prüfung des Spannungsmessers:

R_0 Schiebewiderstand von mindestens 2000 Ohm,

V zu prüfender Spannungsmesser,

SpT Wolffscher Spannungsteiler (Bild 38),

für die Prüfung des Strommessers:

A zu prüfender Strommesser, Meßbereich 150 Amp (Drehspulapparat mit Nebenwiderstand),

R_N Normalwiderstand 0,001 Ohm mit Rührvorrichtung für das Petroleum,

R_2 Bandwiderstand mit Schleifkontakten.

Erläuterungen: In den Übungen wird der Kompensationsapparat nur in der Schaltung mit Hilfsbatterie (vgl. Nr. 16 b, Bild 34) benutzt.

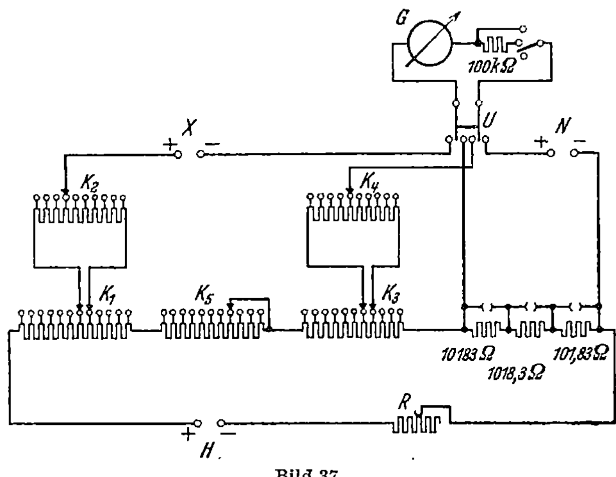

Bild 37.

Bild 37 zeigt die Schaltung ohne alle Nebensächlichkeiten. Im Interesse der Übersichtlichkeit sind die Kurbelkontakte K in gerader Linie gezeichnet, während sie tatsächlich kreisförmig angeordnet sind.

Man lege an:

die Klemmen H eine gut isolierte Hilfsbatterie von 12 Volt,

,, ,, N das Normalelement U_N,

,, ,, X die unbekannte Spannung U_x,

,, ,, G das Galvanometer mit vorgeschaltetem Taster,

die Messinglaschen einen Regelwiderstand R

Der dreipolige Umschalter (nicht gezeichnet) liegt entsprechend der Meßschaltung mit Hilfsbatterie dauernd auf „Niederspannung".

Bei den Einstellungen des Galvanometers auf den Ausschlag Null ist zuerst stets der Schutzwiderstand (kleine Kurbel) von 100 kΩ vorzuschalten, damit das Galvanometer nicht durch zu große Ströme beschädigt werden kann. Erst nachdem in dieser Schaltung der Aus-

schlag des Galvanometers auf Null gebracht ist, wird der Schutzwiderstand durch Drehen der Kurbel nach rechts ausgeschaltet und
nunmehr in der empfindlicher gewordenen Schaltung die genaue Einstellung vorgenommen.

Soll eine neue Spannung kompensiert werden, so darf nicht ver-
gessen werden, zunächst wieder den Schutzwiderstand einzuschalten.

Der Widerstand R_{AC} aus Bild 28 bzw. 34 ist durch eine Kurbelwider-
standsanordnung $K_1 - K_5$ und dahintergeschaltet einen dreiteiligen
Stöpselkasten ersetzt. An dem Kurbelwiderstand wird U_x, am Stöpselkasten U_N kompensiert.

Man beginnt mit U_N, indem man Umschalter U nach rechts legt
und einen Stöpsel, z. B. den mittleren mit 1018,3 Ω zieht; hat man
dann mit Regelwiderstand R den Galvanometerausschlag auf Null
gebracht,

so ist $\qquad i_h \cdot 1018,3 = U_N = 1,018_3 \text{ Volt}$

folglich $\qquad\qquad i_h = 0,001 \text{ Amp genau.}$

Jetzt legt man U nach links zur Kompensation von U_x mit Hilfe
des Kurbelsatzes. Dieser besteht aus folgenden 5 Kurbeln:

K_1 aus 11 · 1000 Ω; mittels einer Doppelkurbel ist zu einem der Tausender der Satz K_2 mit 9 · 1000 parallel geschaltet, so daß der Widerstand
zwischen den Kontakten der Doppelkurbel 1000 · 9000/(1000 + 9000)
= 900 Ω ist. Ist wieder i_h der Hilfsstrom im Hauptkreis, so ist der
Spannungsabfall zwischen zwei Kontakten in K_1 (abgesehen von der
Abteilung mit Parallelschaltung) i_h · 1000 Volt, in K_2 gleich i_h · 100 Volt.
K_3 enthält 10 · 10 Ω und mittels Doppelkurbel zu einer Abteilung
parallel geschaltet K_4 mit 9 · 10 Ω. Mithin ist die Spannung zwischen
zwei Kontakten (ohne Parallelschaltung) in K_3 gleich i_h · 10 Volt und in
K_4 gleich i_h · 1 Volt. K_5 enthält 10 · 0,1 Ω, die Spannung zwischen
zwei Kontakten dieser Kurbel ist also i_h · 0,1 Volt. Man kann also
zwischen den Schleifkontakten auf K_2 und K_4 jede beliebige Spannung
bis auf 5 Stellen einstellen, ohne daß der Gesamtwiderstand aller
Kurbeln (mit Ausnahme der geringfügigen durch Verändern von K_5)
eine Änderung erfährt; d. h. durch Drehen von $K_1 \ldots K_4$ wird i_h nicht
geändert.

Im Bilde zählt man ab an

$$K_1 \quad 4 \cdot 1000 \; i_h$$
$$K_2 \quad 6 \cdot \; 100 \; i_h$$
$$K_3 \quad 6 \cdot \; \; 10 \; i_h$$
$$K_4 \quad 4 \cdot \; \; \; 1 \; i_h$$
$$K_5 \quad 7 \cdot \; \; 0,1 \; i_h$$

zusammen $4664,7 \cdot 1000 \; i_h = U_x$

Hat man i_h durch die erste Kompensation z. B. genau gleich $^1/_{1000}$ Amp
gemacht, so wird

$$U_x = 4,6647 \text{ Volt.}$$

An den Kurbeln K_2 und K_4 sind nicht die Widerstände R_2 und R_4,
sondern der einfacheren Rechnung halber die Werte $\frac{1}{10} R_2$ und R_4 an-

gegeben, so daß

$$U_x = i_h \cdot \Sigma R'_k$$

wird, wenn $\Sigma R'_k$ die Summe der bei den fünf Kurbeln auf dem Apparat angegebenen Widerstandswerte bedeutet. Das Aufsuchen der Kompensation erfordert immerhin einige Zeit, während welcher i_h sich ein wenig geändert haben kann. Man wiederholt daher die Einstellungen 1. und 2., bis das Galvanometer bei unmittelbar aufeinander folgendem Hin- und Zurückschalten von U keinen Ausschlag zeigt.

A. Prüfung eines Spannungsmessers mit dem Kompensator.

Versuch: Schaltung nach Bild 38. Der Schalttisch ist mit dem Kompensator durch fest verlegte „Kompensationsleitungen" verbunden.

Der Spannungsmesser V (Meßbereich 150 Volt) ist an den Skalenstrichen 30, 60, 90, 120 auf seine Richtigkeit zu prüfen.

Die Festklemmen des Widerstandes R_0 liegen dauernd an der Batteriespannung 120 Volt. Mittels des Schiebekontaktes von R_0 wird ein regelbarer Teil dieser Spannung abgegriffen, an dem parallel zueinander der zu prüfende Spannungsmesser V und ein Spannungsteiler $Sp. T.$ angeschlossen sind. Dieser besteht aus einem Widerstand von insgesamt

$$90\,000 + 9000 + 900 + 100$$
$$= 100\,000\ \Omega;$$

davon sind 100 Ω abgezweigt. Zeigt der Spannungsmesser $V\ U$ Volt an, so muß an den 100 Voltklemmen des Spannungsteilers eine Spannung

$$U_x = \frac{100}{100\,000}\, U = 0{,}001\ U$$

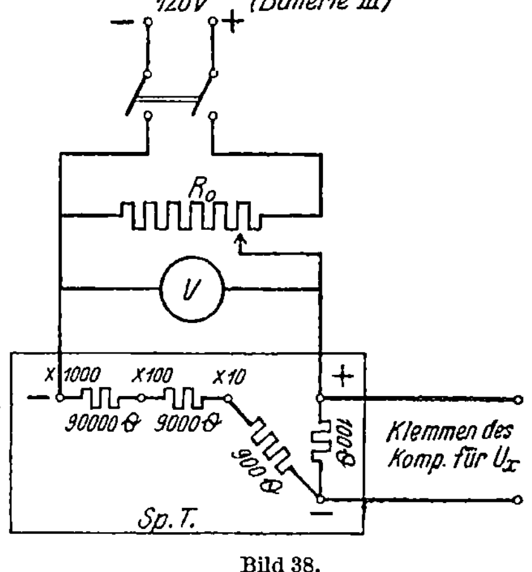

Bild 38.

erscheinen. Diese wird an die Klemmen X des Kompensators gelegt; sie ändert sich nicht, wenn die Kompensation ausgeführt wird; denn der Kompensationsapparat entzieht der zu kompensierenden Spannung nicht den geringsten Strom.

Der Hilfsstrom wird bei dieser Aufgabe auf $i_h = {}^1\!/_{10\,000}$ Amp abgeglichen und der Spannungsteiler mit der Klemme $\times 1000$ gebraucht; es empfiehlt sich, sich zunächst klarzumachen, wie groß in runden Zahlen die Spannungen U_x an den Klemmen X des Kompensators bei Einstellung auf die zu prüfenden Punkte des Spannungsmessers und wie groß die Kompensationswiderstände an den Kurbeln $K_1 \ldots K_5$ werden.

Durch Verschieben des Schleifkontaktes an R_0 wird der Zeiger des Spannungsmessers scharf auf den zu prüfenden Teilstrich eingestellt und mit dem Kompensator die zugehörige Spannung gemessen. Natürlich muß der Spannungsmesser V während des Kompensierens dauernd eingeschaltet bleiben. Für das Gelingen der Messung ist es wichtig, daß die Spannung am Schiebewiderstand R_0 konstant bleibt, da bei schwankender Spannung keine saubere Einstellung zu erreichen ist.

Es sind zwei Meßreihen aufzunehmen, und zwar einmal bei wachsender, das andere Mal bei fallender Spannung. Für die gemessenen Skalenpunkte ist eine Korrektionstabelle nach nebenstehendem Muster aufzustellen.

Skalenstrich	Korrektion	
	Hingang	Rückgang
30,0	— 0,1	— 0,2
usw.	usw.	usw.

Außerdem ist eine Eichkurve zu zeichnen (Abszisse: Skalenteile, Ordinate: Korrektion).

B. Prüfung eines Strommessers mit dem Kompensator.

Als Stromquelle ist die Batterie III zu benutzen, die an einem an der Wand angebrachten Schalttisch durch einen Einsatz auf 4 Volt zu schalten ist (vgl. S. 3).

An einem freistehenden Schalttisch sind die Starkstromleitungen als Schienen fest verlegt, sie enthalten auch den Wandwiderstand. An einigen Stellen sind die Schienen unterbrochen, um Meßinstrumente mittels kurzer, am besten bifilar zu verlegender Kabel anzuschließen; Klemmen, an die keine Meßinstrumente angeschlossen werden sollen, sind kurzzuschließen (s. S. 24).

Ein Schleifbandwiderstand R_2 ist an ein Brettchen am Schalttisch zu schließen, dessen Klemmen parallel an den Wandwiderstand angeschlossen sind; es ist zweckmäßig, die Schleifkontakte des Widerstandes anfangs auf die Mitte der Bänder zu stellen. Die Bänder des Wandwiderstandes sind alle parallel geschaltet und so abgestuft, daß die einzelnen durch Hebelschalter einschaltbaren Widerstände von rechts nach links wachsende Stromstärken aufnehmen; um eine bestimmte Stromstärke einzustellen, schaltet man nacheinander je einen Schalthebel, von der rechten Seite angefangen, ein, bis derjenige Hebel getroffen ist, der die Stromstärke gerade noch unterhalb des gewünschten Betrages läßt. Dann beginnt man wieder, von rechts angefangen einen zweiten Hebel zuzuschalten, so daß die Stromstärke wiederum gerade unterhalb des gewünschten Wertes bleibt usw. Die letzte und genaue Einstellung auf einen Teilstrich wird mit dem von vornherein dauernd eingeschalteten Schleifbandwiderstand R_2 bewerkstelligt.

Als Hilfsstromstärke im Kompensator wählt man zweckmäßig $i_h = 0,0001$ Amp. Zu prüfen sind die Teilstriche

30   60   90   120   150   des Strommeßgerätes.

Während ein Beobachter kompensiert, hat ein zweiter darauf zu achten, daß der Strommesser scharf auf dem eingestellten Teilstrich stehen bleibt, und gegebenenfalls mit dem Schleifband nachzuregulieren. Vor dem Kompensieren empfiehlt es sich, durch eine einfache Überschlagsrechnung festzustellen, wie groß in runden Zahlen der jeweilig an den Kurbeln des Kompensators einzustellende Kompensationswiderstand ist.

Die Ergebnisse sind nach dem folgenden Muster in eine Tabelle einzutragen und durch eine Eichkurve darzustellen (Abszisse: Skalenteile; Ordinate: Korrektionen).

Skalenstrich	Korrektion	
	Hingang	Rückgang
30,0 usw.	+ 0,2 usw.	+ 0,4 usw.

19. Prüfung eines dynamometrischen Wattstunden-Zählers.

Zubehör (Bild 40):

S doppelpoliger Schalter,

Wh Dynamometrischer Zähler für 120 Volt 5 Amp,

A Drehspul-Strommesser für 0,3—7,5 Amp,

V Drehspul-Spannungsmesser für 150 Volt,

R Glühlampenwiderstand,

eine Stoppuhr.

Der dynamometrische Zähler besitzt ein feststehendes Spulensystem HH (Bild 39), das vom Strom I des Verbrauchers durchflossen wird und dazwischen ein drehbares System von mehreren Spulen A, die ähnlich wie die Wicklungen auf dem Anker von Gleichstrommaschinen an einen Kommutator geführt sind und mittels Bürsten über einen großen Vorwiderstand VW an die Netzspannung U angeschlossen sind. Diese beweglichen Spulen werden also von einem Strom durchflossen, der der Netzspannung U proportional ist und es wird somit auf sie ein Antriebsdrehmoment ausgeübt, das einerseits dem vom

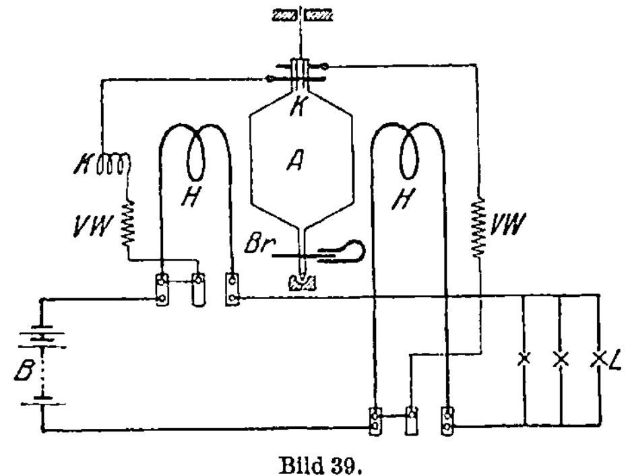

Bild 39.

Hauptstrom I erzeugten Magnetfelde und andererseits dem von U erzeugten Ankerstrom proportional ist, d. h. im ganzen proportional $N = U I$, d. i. die an den Verbraucher abgegebene Leistung. Die in der sich drehenden Spule vom Hauptfeld induzierte EMK ist wegen der geringen Drehgeschwindigkeit vernachlässigbar klein.

Diesem Antriebsmoment wirkt das Bremsmoment einer Wirbelstrombremse, bestehend aus einem Stahlmagneten und der mit der beweglichen Spule auf derselben Welle befestigten Aluminiumscheibe Br entgegen. Dieses Bremsmoment ist der Winkelgeschwindigkeit der Scheibe proportional. Beim Einschalten des Verbrauchsstromes beschleunigt sich also das bewegliche System solange bis Antrieb- und Bremsmoment gleich groß sind; die im Beharrungszustand sich einstellende Winkelgeschwindigkeit ist also der vom Verbraucher bezogenen Leistung proportional und die Anzahl der Umdrehungen in einer bestimmten Zeit ist ein Maß für die in dieser Zeit vom Verbraucher bezogene elektrische Arbeit, die an einem Zählwerk abgelesen werden kann. Die mechanische Reibung der beweglichen Teile wird durch sorgfältige Lagerung sehr klein gehalten und durch eine in den Spannungskreis geschaltete Kompensationsspule K angenähert kompensiert.

Trotzdem ist die Reibung die Hauptursache für die Fehler, die ein Zähler in seinen Angaben macht; es ist leicht einzusehen, daß diese Fehler von der Drehgeschwindigkeit des Zählers abhängig sein werden und im Betriebe durch Abnutzung und Verschmutzung sich ändern können. Aus diesem Grunde müssen die Fehler des Zählers in der Abhängigkeit von der Belastung festgestellt werden. Im Betrieb werden Kontrollen in größeren Zeitabschnitten notwendig.

Zur Eichung des Zählers muß der von ihm angezeigte Verbrauch mit

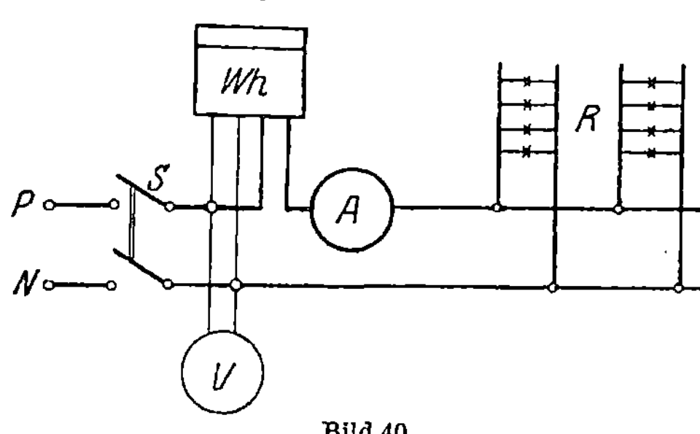

Bild 40.

dem genauen Wert desselben, ermittelt aus den Angaben genauer Instrumente, verglichen werden. Dazu dient die Schaltung nach Bild 40. Während einer Zeit von etwa 3 Minuten werden Spannung U in V, Strom I in A abgelesen und konstant gehalten, die Zahl z der Umdrehungen der Zählerscheibe gezählt und die für eine ganze Anzahl von Umdrehungen erforderliche Zeit t in sek mit der Stoppuhr genau gemessen.

Die vom Zähler angezeigte Arbeit ist dann $A_z = \dfrac{z}{a}$ (kWh), wobei a die Anzahl der Umdrehungen der Zählerscheibe ist, die das Zählwerk um 1 kWh vorwärtsschiebt. (Die Zahl a Umdr. = 1 kWh ist auf jedem Zähler angegeben.) Andererseits ist der wirkliche Betrag der Arbeit

$$A_w = \frac{U \cdot I \cdot t}{3{,}6 \cdot 10^6} \text{ kWh} .$$

Der prozentuale Fehler des Zählers ist (s. S. 10):

$$p = \frac{A_z - A_w}{A_w} \cdot 100\% ,$$

woraus sich ergibt

$$p = \left(\frac{z}{U \cdot I \cdot t} \cdot \frac{3{,}6 \cdot 10^6}{a} - 1 \right) \cdot 100\% .$$

Bei zu schnellem Lauf des Zählers ist also sein Fehler positiv.

Mit Rücksicht auf die praktische Verwendung ist die Untersuchung des Zählers einerseits bei sehr kleiner Belastung, andererseits auch bei

Überlastung wichtig[1]. Es sind daher Versuche auszuführen bei 4, 10, 50, 100, 150% des auf dem Zählerschild angegebenen Nennstromes, zuerst bei zunehmendem, dann bei wieder abnehmendem Strom. Die Einstellung erfolgt durch geeignete Reihen- und Parallelschaltung von Glühlampen. Für den Strommesser ist bei jeder Belastung ein solcher Nebenwiderstand auszuwählen, daß der Ausschlag des Zeigers mindestens gleich der Hälfte des Vollausschlages ist. Im Protokoll ist der prozentische Fehler als Funktion des Stromes graphisch darzustellen. Für im Betrieb befindliche Zähler sind amtlich zulässige sog. „Verkehrsfehlergrenzen" vorgeschrieben; sie betragen $\pm\,(6+0{,}6\,I_{\text{Nenn}}/I)\%$. Die Kurve dieser zulässigen Fehler ist ebenfalls in das Schaubild einzuzeichnen.

Fakultativ sind folgende Versuche auszuführen:

1. **Einfluß des Erdfeldes.** Man stellt den Zähler so auf, daß die Achse der Hauptstromspule mit dem magnetischen Erdmeridian zusammenfällt, und bestimmt den Fehler des Zählers bei etwa $0{,}1\,I_N$. Dann dreht man den Zähler um 180° oder man vertauscht am Spannungskreis und an der Hauptstromspule des Zählers die Anschlüsse, so daß alle Ströme im Zähler in entgegengesetzter Richtung fließen, und bestimmt bei derselben Belastung wie vorher den Zählerfehler. Die Differenz beider Resultate ist ein Maß für den Einfluß des Erdfeldes.

2. **Eigenverbrauch des Zählers.** Man mißt den Strom i' im Spannungspfad des Zählers bei der Nennspannung und den Spannungsabfall u' in dem mit der Nennstromstärke belasteten Hauptstrompfad (vgl. Nr. 12); dann ist $U\,i'+u'\,I$ der gesamte Eigenverbrauch pro Sekunde. $U\,i'$ pflegt zu Lasten des Werkes, $u'\,I$ zu Lasten des Abnehmers zu gehen. Wie groß ist im Jahre der Eigenverbrauch, der zu Lasten des Werkes geht?

3. **Drehmoment des Zählerankers.** Der Zähler wird mit der Nennleistung belastet; mit einer kleinen Torsionswaage wird direkt die Kraft gemessen, die am Umfange der Scheibe wirkt. Durch Multiplikation mit dem Halbmesser der Zählerscheibe erhält man das Drehmoment. Die Torsionswaage wird dadurch geeicht, daß man ihre Achse horizontal stellt und am Ende ihres Armes bekannte Gewichte anhängt.

20. Prüfung eines Wendemotorzählers.

Zubehör (Schaltung nach Bild 40):

S doppelpoliger Schalter,

V Drehspul-Spannungsmesser für 150 Volt,

A Drehspul-Strommesser mit Nebenwiderständen für

    0,3   0,75   1,5   3,0   7,5 Amp,

---

[1] Vgl. REZ. 1933 S. 570. Die V. D. E.-Normen für Elektrizitätszähler fordern folgende Überlastbarkeiten:

Nennstromstärke des Zählers	Überlastung während	
	2 Min.	2 Std.
5 bis 30 A	um 100%	um 50%
> 50 A	um 50%	um 25%

Wh Wendemotorzähler, System *KG* der AEG, für „Nennleistung", 120 Volt 5 Amp,
R Glühlampenwiderstand,
eine Stoppuhr.

Erläuterungen: Das Prinzip des Zählers ist das gleiche wie bei dem
Motorzähler, jedoch ist die drehende Bewegung des Ankers durch eine
pendelnde ersetzt. Dies hat den Vorteil, daß erstens der Kollektor weg-
fällt und zweitens die Reibung im Zählwerk für den Gang des Zählers
keine Rolle spielt, da das Zählwerk nicht von der Ankerachse angetrieben
wird, sondern elektromagnetisch durch ein Relais.

Gang der Untersuchung: Die Zählerangaben sind bei voller, halber,
zehntel, zwanzigstel und fünfzigstel Belastung auf ihre Richtigkeit zu
prüfen. Ein Versuch mit 50 % Stromüberlastung ist hinzuzufügen. Es
wird mit einer Stoppuhr genau die Zeit gemessen, die eine abgezählte
Zahl von n Ankerschwingungen des Zählers erfordert; es genügen hierfür
etwa 3 Minuten. Die Übersetzung der (einfachen) Schwingungen auf das
Zählwerk ist auf dem Zifferblatt angegeben.

Wird U in Volt, I in Amp, t in Sekunden gemessen, so ist der wahre
Verbrauch $A_w = (U \cdot I \cdot t / 3\,600\,000)$ kWh. Während dieser Zeit hat
der Anker n Schwingungen gemacht; d. h., das Zählwerk würde
$A = (n/6000)$ kWh angeben.

Daraus ist ebenso wie in der vorigen Aufgabe der prozentische Fehler
der Zählerangaben zu berechnen.

IV. Elektrowärme-Messungen.

21. Abschmelzversuche an Drähten.

Zubehör:
T Transformator 2 · 110/15 Volt,
R Schiebewiderstand 380 Ohm 5 Amp,
A_1 Wechselstrommesser 20 Amp,
A_2 Wechselstrommesser 100 Amp,
A_3 Wechselstrommesser 10 Amp,
D zwei Einspannvorrichtungen mit je 4 Rollen für die Ab-
schmelzdrähte.

Die Versuche sollen ein Bild davon geben, bei welchen Stromstärken
Drähte von verschiedenen Querschnitten abschmelzen. Die Ergebnisse
sind wichtig für die Berechnung von Schmelzsicherungen, außerdem
geben sie aber grundsätzlich Aufschluß über die Wärmeabgabe strom-
belasteter Drähte, so daß man auch für die Bemessung von Leitungen
Anhaltspunkte bekommt (s. S. 1).

Steigert man den Strom in dem abzuschmelzenden Draht genügend
langsam, so kann man annehmen, daß in jedem Augenblick die erzeugte
und die abgegebene Wärmemenge gleich sind.

Bezeichnet man mit
I den Strom,
d den Drahtdurchmesser,

q den Drahtquerschnitt,

ϱ den spezifischen Widerstand des Drahtes,

ϑ die Temperatur des Drahtes,

Q_e die erzeugte Wärmemenge ⎱ im gleichen Zeitraum

Q_a die abgegebene Wärmemenge ⎰ und pro cm Drahtlänge

so ist $\qquad Q_e \sim \dfrac{\varrho}{d^2} I^2 \quad$ und $\quad Q_a \sim d \cdot f(\vartheta)$.

Drähte aus gleichem Material schmelzen bei der gleichen Temperatur ab; für $\vartheta =$ konst und $Q_e = Q_a$ erhalten wir also

$$d \sim \frac{\varrho}{d^2} I_a^2 \qquad \text{oder} \qquad C = \frac{I_a^2}{d^3} .$$

Der Abschmelzstrom I_a ist also proportional $d^{\frac{3}{2}}$. Ebenso ist der Strom I_b, der Drähte aus gleichem Material bis zu einer im Betriebe noch zulässigen Temperatur ϑ_b erwärmt, proportional $d^{\frac{3}{2}}$ oder, auf den Querschnitt bezogen, proportional $q^{\frac{3}{4}}$. Man sieht daraus, daß man bei stärkeren Leitungen das Material weniger ausnutzen kann.

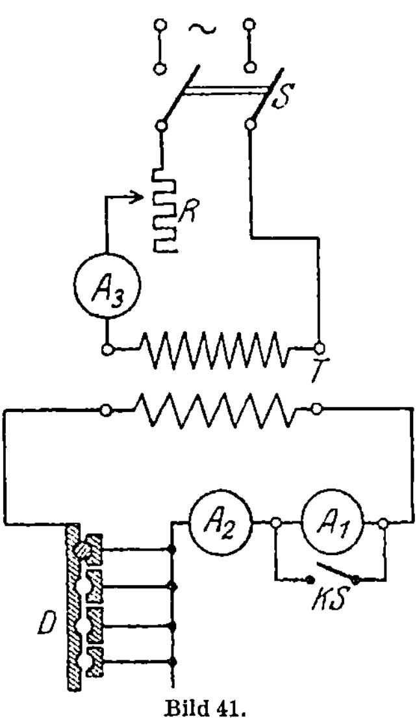

Bild 41.

Der Strom für den Versuch wird dem Drehstromnetz entnommen. Der zur Verfügung stehende Transformator hat zwei Oberspannungswicklungen für je 110 Volt; je nach der Spannung, die am Versuchsplatz zur Verfügung steht, werden sie hintereinander oder parallel geschaltet. Bei dem Schiebewiderstand sind immer beide Rohre parallel zu schalten.

Man spannt die Drähte in der Vorrichtung glatt aus und bestimmt an mehreren Stellen ihren Durchmesser. Jeweils ein Draht wird dann eingeschaltet und der Strom ganz langsam gesteigert, bis der Draht abschmilzt. Die höchste auftretende Stromstärke ist jedesmal abzulesen und als Funktion von $d^{\frac{3}{2}}$ aufzutragen.

Bei jeder Drahtstärke sind mehrere Messungen zu machen und einzeln im Protokoll anzugeben. Ferner ist die Abschmelzstromdichte i_a auszurechnen, d. h. die Stromstärke beim Abschmelzen, die auf ein mm^2 des Drahtquerschnittes q entfällt:

$$i_a = \frac{I_a}{q}$$

Sie ist als Funktion des Drahtquerschnittes aufzutragen. Die erhaltene Kurve gibt ganz allgemein das Verhältnis der Stromstärken an, mit denen man die verschiedenen Drähte belasten darf, wenn alle die gleiche Temperatur annehmen sollen, sei dies, wie im vorliegenden Falle, die Schmelztemperatur des Drahtes oder z. B. die zulässige Betriebstemperatur.

22. Wirkungsgrad von elektrisch beheizten Kochgeräten.

Zubehör (Bild 42):

K — elektrisch direkt beheizter Kochtopf (220 Volt) mit Zuleitungsschnüren, gewöhnlicher Kochtopf und Kochtopf mit ebenem Boden. Heizplatte (220 Volt) mit Anschlußschnüren und dreistufigem Schalter.

V — Spannungsmesser für 220 Volt,

A — Strommesser mit Neben-widerstand für 7,5 u. 3 Amp, Quecksilberthermometer bis 100° C, Meßglas, 1 Liter,

S — doppelpoliger Schalter,

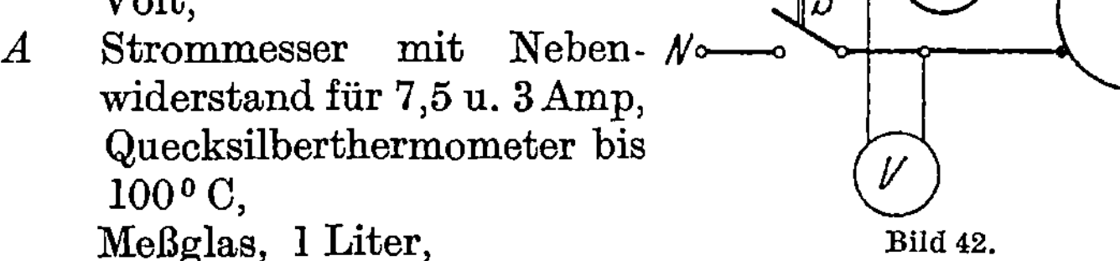
Bild 42.

Schaltung: PN Anschlußklemmen, 220 Volt Gleichspannung.

1. Versuche mit direkt beheiztem Topf. Der Strom darf nur eingeschaltet werden, wenn der Topf mit Wasser gefüllt ist. Andernfalls brennt der Heizkörper durch.

Bestimmung des Anheizwirkungsgrades bei kaltem Gerät.

Man stellt sich in einem Glase durch Mischen von kaltem und warmem Wasser 2—3 Liter Wasser von genau 20° C her. Der Kochtopf soll bei Beginn des Heizversuches mit genau 1 Liter Wasser von 20° gefüllt sein. Man füllt deshalb zunächst etwa 1 Liter des vorher bereiteten Wassers in den Kochtopf und wartet das Wärmegleichgewicht ab, das meist etwas über oder unter 20° liegen wird. Dann gießt man das Wasser wieder aus und füllt den jetzt nahezu auf 20° befindlichen Topf rasch mit genau 1 Liter von dem zuvor bereiteten Wasser von genau 20°.

Man stellt den Kochtopf auf eine Steinfliese, mißt nach Umrühren genau die Wassertemperatur (Anfangstemperatur), schaltet den Heizstrom ein und liest in Zeitabständen von je einer Minute Temperatur, Spannung und Stromstärke ab, bis die Wassertemperatur um genau 75° gestiegen ist. Dann schaltet man den Strom wieder aus. Zeitpunkt des Ein- und Ausschaltens wird mit einer Taschenuhr nach Minuten und Sekunden festgestellt. Einige Sekunden vor jeder Temperaturablesung ist das Wasser mit dem beigegebenen Rührer kräftig umzurühren, doch so, daß kein Wasser umherspritzt. Dann mittelt man die Ablesungen der Spannung U und der Stromstärke I und berechnet daraus die mittlere zugeführte Leistung $N = U \cdot I$ in Watt.

Die zugeführte elektrische Stromarbeit ist: $NT/60$ Wh ($T =$ Zeit des Stromdurchganges in Minuten). Dem Wasser ist eine Wärmemenge

75 kcal zugeführt. Da 1 kcal = 1,164 Wh ist, so wird der Anheizwirkungsgrad:

$$\eta = \frac{1{,}164 \cdot 75 \cdot 60}{N \cdot T} \cdot 100\,\% = \frac{5238}{NT} \cdot 100\,\% \ .$$

Man zeichne die Temperaturkurve: Temperatur als Ordinate, Minutenzahl als Abszisse.

(Fakultativ). Wer den Anheizwirkungsgrad bei warmem Gerät bestimmen will, gießt, nachdem die Temperatur von 95⁰ erreicht ist, das heiße Wasser aus und füllt den Kocher möglichst rasch mit 1 Liter Wasser von genau 20⁰, schaltet sofort den Heizstrom ein und verfährt danach genau so wie vorher.

2. Versuche mit der Heizplatte. Bestimmung des Anheizwirkungsgrades. Es soll der Anheizwirkungsgrad gemessen werden, bei dem man von der kalten Heizplatte ausgeht.

Man setze die kalte Heizplatte auf eine Fliese und auf die Heizplatte den mit einem Liter Wasser gefüllten gewöhnlichen Kochtopf, Ausgangstemperatur soll wieder 20⁰ sein. Es wird nur ein Versuch bei der größten einschaltbaren Heizleistung gemacht. Messung und Berechnung des Wirkungsgrades ebenso wie unter 1.

Der Wirkungsgrad ist von dem Durchmesser des Kochtopfes und der Beschaffenheit seines Bodens abhängig; wenn derselbe nahezu ebenso groß ist wie der Durchmesser der Heizplatte und wenn der Topf einen vollkommen ebenen Boden hat, erhält man den günstigsten Anheizwirkungsgrad. Moderne Kochtöpfe erhalten also einen durchaus ebenen Boden von 6—8 mm Dicke.

Definitionen [vgl. Phys. Z. (AEF) 1927, S. 387]:

Kilokalorie = Wärmemenge, die 1 kg Wasser von 14,5⁰ auf 15,5⁰ erwärmt.

426,9 kgm = 1 kcal.

mittlere kcal (0⁰ ... 100⁰) = gesetzl. kcal.

1 Ws = 0,000 239 0 kcal.

1 kWh = 860 kcal.

Auszug aus den Vorschriften des Verbandes Deutscher
Elektrotechniker für Elektrowärmegeräte[1].

Nennspannung ist die Spannung in Volt, für die das Gerät gebaut ist.

Spannungsbereich ist der Bereich zwischen den Spannungsgrenzen, innerhalb deren die Geräte verwendbar sind.

Nennaufnahme ist die vom Gerät in betriebswarmem Zustande bei der Nennspannung aufgenommene Leistung in Watt.

Nennstrom ist der bei Nennspannung in betriebswarmem Zustande gemessene Strom in Amp.

Nenninhalt ist die Wassermenge, die dem Gerät im Gebrauch nach betriebsmäßiger Erwärmung entnommen werden kann.

---

[1] ETZ 1930, S. 101 und 1931, S. 518, 677, 949.

Heizkörper ist der Geräteteil, in dem unmittelbar elektrische Arbeit in Wärme umgesetzt wird und der aus dem Heizleiter und seinem Träger bzw. seiner Einfassung besteht.

Betriebswarm ist ein Gerät, wenn es die Temperatur erreicht hat, die es bei seiner normalen Verwendung hat.

V. Magnetische Messungen.

23. Magnetische Grundbegriffe.

(Siehe auch Anl. Bd. II, S. 1 ff.).

Der magnetische Zustand in jedem Raumpunkt wird charakterisiert durch die beiden Vektoren:

$\mathfrak{H}$ die magnetische Feldstärke,

$\mathfrak{B}$ die magnetische Induktion.

Das praktische Maßsystem, das im Elektrolabor allein angewandt wird, hat die Einheiten:

1. für die Feldstärke A/cm (Amp pro cm). Eine lange Spule mit kleinem Wickelquerschnitt von w Windungen, durchflossen von i Amp, hat im Innern in Richtung der Spulenachse die Feldstärke

$$\mathfrak{H} = \frac{wi}{l}$$

2. für die magnetische Induktion $\frac{Vs}{cm^2}$ (Voltsekunden pro Quadratzentimeter).

Wird senkrecht zur Richtung eines Feldes eine kleine Leiterschleife gelegt, die die Fläche f umschließt, so nennt man

$$\Phi = \mathfrak{B} \cdot f$$

den Fluß, der durch die Schleife tritt; er wird in Vs gemessen. Ist dieser Fluß zeitlich veränderlich, so wird in der Schleife eine EMK induziert vom Betrage

$$E_{\text{ind}} = -\frac{d\Phi}{dt}$$

gemessen in Volt.

Zwischen $\mathfrak{B}$ und $\mathfrak{H}$ setzt man die Beziehung an

$$\mathfrak{B} = \Pi\mu\,\mathfrak{H}$$

wo μ eine Materialkonstante ist, die für Luft (das Vakuum) und die meisten Stoffe gleich 1 gesetzt werden kann. Π hängt von den gewählten Einheiten ab, es ist

$$\Pi = 4\pi \cdot 10^{-9}\ \text{H/cm} \quad \text{(Henry pro cm)}.$$

Bei ferromagnetischen Stoffen hat μ den Wert von einigen Tausend; es ist aber nicht konstant, sondern von der magnetischen Vorgeschichte abhängig. Man stellt deshalb die Abhängigkeit der Induktion von der Feldstärke in Kurven dar (Neukurve und Hysteresisschleife).

17. Köpselscher Apparat.

Zubehör (Bild 43):

B_1 Akkumulatorenbatterie 6 Volt,

B_2 Akkumulator 2 Volt,

LMN Schiebewiderstand mit Spindelantrieb (54 Ohm oder 220 Ohm), als Spannungsteiler,

U Umschalter mit Kurbelantrieb,

R_1 Kurbelwiderstand mit 24 Kontakten (600 Ohm),

R_2 Widerstand mit 3 Kurbeln oder Schiebewiderstand bis 100 Ohm,

A_1 Drehspul-Strommesser mit besonderem Nebenwiderstand (s. unten)

A_2 Drehspul-Strommesser mit Nebenwiderstand für 0,03 Amp, Köpselapparat von S. & H. mit zugehörigen Klemmbacken und Eisenproben,

eine Schrauben- oder eine Schublehre.

Erläuterungen: Aufbau nach Bild 43. Die beiden Strommesser muß man mindestens $^1/_2$ m vom Köpselapparat entfernt aufstellen, um Beeinflussungen durch die magnetischen Streufelder auszuschließen. Man überzeuge sich ferner, daß der Köpselapparat die richtige Stellung zum erdmagnetischen Felde hat.

Der Köpselapparat besteht aus einem halbkreisförmigen Eisenjoch JJ von großem Querschnitt, das die Enden der zu untersuchenden Eisenprobe E durch einen verhältnismäßig kleinen magnetischen Widerstand schließt. Die Probe E wird durch die Magnetisierungsspule S magnetisiert. Die durch die Spule S im Stabe erzeugte mittlere Feldstärke ist gleich den AW/cm (Amperewindungen pro cm). Die Windungszahl w ist entsprechend früher üblichen magnetischen Einheiten so gewählt, daß

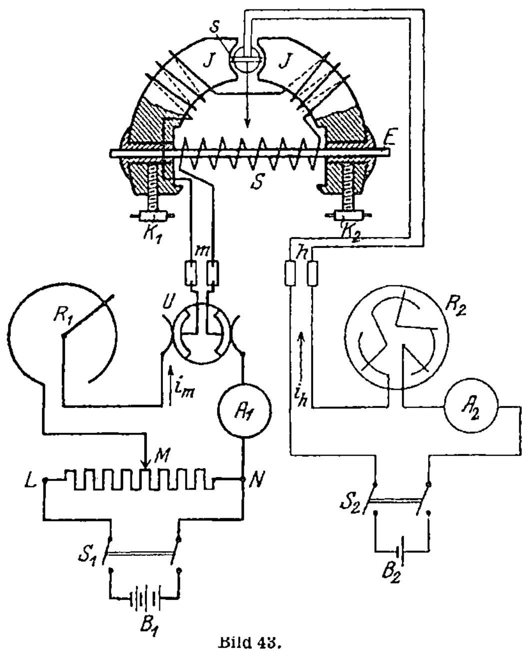

Bild 43.

$$0,4\,\pi\,w/l = 100$$

ist.

Diese Unstimmigkeit hat man dadurch ausgeglichen, daß man dem Strommesser A_1 einen besonderen so abgeglichenen Nebenwiderstand gegeben hat, daß

$$\mathfrak{H} = \alpha$$

wird, wo α die an A_1 abgelesenen Teilstriche bedeutet.

Der Probestab wird in ziemlich weitem Abstand von der Magnetisierungsspule umgeben. Es tritt also durch den Luftzylinder zwischen Spule und Probe ein merklicher Fluß hindurch, der durch zwei auf den Schenkeln des Joches befindliche Kompensationsspulen daran gehindert wird, die Ablenkungsspule s zu erreichen.

Der magnetisierende Strom kann durch einen Umschalter, der vorn an dem Apparat angebracht ist, ausgeschaltet oder gewendet werden.

In der Mitte des Joches befindet sich in einem zylindrischen Hohlraum eine Drehspule s, die von dem Hilfsstrom i_h durchflossen wird. Der an der Drehspule befestigte Zeiger zeigt einen Ausschlag β, der proportional $i_h \, \mathfrak{B}_j = i_h \, \mathfrak{B}_x \dfrac{Q_x}{Q_j}$ ist.

($\mathfrak{B}_j$, $\mathfrak{B}_x$ Induktion im Joch bzw. Probestab, Q_i, Q_x Querschnitt des Joches bzw. Probestabes.)

Folglich ist

$$\mathfrak{B}_x \text{ proportional } \frac{\beta}{i_h \, Q_x} \, .$$

Die Konstruktion ist so ausgeführt, daß man an der Skala des Köpselapparates direkt die magnetische Induktion $\mathfrak{B}_x$ in $\mu\,Vs/\mathrm{cm}^2$ abliest; dazu ist erforderlich, daß

$$i_h = \frac{0{,}005}{Q_x \, (\mathrm{cm}^2)}$$

eingestellt und dauernd während der Meßreihe auf diesem Wert erhalten wird.

Versuche: In R_1 und R_2 sind zunächst die größtmöglichen Widerstände einzuschalten; der Schleifkontakt wird dicht an L herangeschoben, so daß die volle Spannung von B_1 an den Umschalterklemmen liegt. Von der zu untersuchenden Eisenprobe wird der mittlere Querschnitt mittels einer Schraubenlehre bestimmt. Dazu werden bei jedem Stab an 4—5 gleichmäßig über die Länge verteilten Querschnitten Messungen gemacht; daraus wird für jeden Stab der mittlere Querschnitt berechnet.

Dann wird eine der zu untersuchenden Eisenproben unter Benutzung der zugehörigen Backen in die Magnetisierungsspule eingeschoben und mit den Knebelschrauben $K_1 K_2$ festgezogen. Dabei sind die mit angeschliffenen ebenen Flächen versehenen Backen auf die den Druckschrauben zugewandte Seite zu legen. Die aneinander liegenden Flächen müssen durchaus sauber sein.

Entmagnetisieren der Probe.

Man schaltet mittels U den mit A_1 zu messenden Magnetisierungsstrom ein und steigert ihn durch Drehen der Kurbel von R_1 bis zum Kontakt 4 auf etwa 1,2 Amp. Dann schiebt man, während der Strom durch mäßig rasches Drehen (etwa 1—2 Drehungen pro Sekunde) von U fortwährend hin und her gewendet wird, ganz allmählich den Kontakt M des Schiebewiderstandes von L nach N, so daß die wechselnde magnetisierende Stromstärke allmählich bis auf Null abnimmt. Dadurch wird die Eisenprobe entmagnetisiert.

Schaltet man jetzt den Hilfsstrom i_h mit seiner nach der obigen Formel berechneten Stärke ein, so darf der Zeiger des Köpselschen Apparates keinen Ausschlag zeigen, wenn man ihn durch Drehen der kleinen Kordelschraube vorn zwischen $K_1 K_2$ frei macht. Bleibt noch ein Ausschlag zurück, so hat man entweder den Strom nicht langsam genug abnehmen lassen oder man muß bei der Entmagnetisierung mit einem 1,2 Amp überschreitenden Strom anfangen.

Aufnahme der Neukurve und der Hysteresisschleife.

Zur Untersuchung stehen folgende Proben zur Verfügung: Stäbe aus hartem Stahl (große Koercitivkraft), aus Stahlguß (Material für Eisenjoche), aus gewöhnlichem Gußeisen und aus reinem Nickel; ferner ein Bündel aus gutem Dynamoblech.

Soll die Neukurve aufgenommen werden, so ist zunächst die Probe zu entmagnetisieren, dann beginnt man durch Öffnen von U mit dem stromlosen Zustand ($\mathfrak{H} = 0$; dann dreht man die Kurbel von R_1 auf Kontakt 24, schiebt Kontakt M von N nach L und stellt mittels des Widerstandes R_2 und Strommessers A_2 den Hilfsstrom i_h genau auf seinen Sollwert ein; während der Messungsreihe ist die Konstanz von i_h dauernd zu kontrollieren.

Nunmehr ist alles für die Aufnahme der Kurve bereit; besonders zu beachten ist, daß man bei dieser die magnetisierende Stromstärke immer nur in der vorgeschriebenen Richtung ändern darf, weil der magnetische Zustand im Eisen von der magnetischen Vorgeschichte abhängt, die bei der Aufnahme der gewünschten Kurven genau vorgeschrieben ist. Hat man die Widerstandskurbel R_1 versehentlich zu weit geschoben, so darf man also nicht zurückregeln. Andernfalls muß man die ganze Arbeit, einschließlich Entmagnetisierung, wiederholen.

Die Aufnahme der Hysterisschleife kann unmittelbar an die Aufnahme der Neukurve anschließen. Will man aber n u r die Hysterisschleife aufnehmen, so kann man das Entmagnetisieren sparen, muß aber dann vor Beginn der Messungsreihe 2—3mal vom positiven bis zum negativen Maximum der Magnetisierung, bis zu der man zu gehen gedenkt, die Probe durchmagnetisieren, und b e g i n n t dann die·Messungen mit dem Maximalwert von $\mathfrak{B}$.

Zweckmäßig markiert man, um Irrtümer zu vermeiden, die beiden Stellungen des Umschalters, welche entgegengesetzt gerichtete Ströme liefern, durch Zettel mit I und II. Bei jeder Einstellung von R_1 liest man A_1 und die Zeigereinstellung für $\mathfrak{B}$ am Köpselapparat ab (Vorzeichen von $\mathfrak{B}$ beachten).

Die Meßreihen kommen folgendermaßen zustande:

Neukurve: Umschalter in der Lage *I* ($\mathfrak{H}$ positiv), stufenweises Ausschalten von R_1 von Kontakt 24 bis 4.

Erste Hälfte der Hysteresisschleife: Stufenweises Einschalten von Kontakt 4 bis 24, Öffnen des Umschalters und Umschalten in Lage *II* ($\mathfrak{H}$ negativ), stufenweises Ausschalten von Kontakt 24 bis 4.

Zweite Hälfte der Hysteresisschleife: Rückkehr von Kontakt 4 auf 24, Öffnen des Umschalters und Umschalten in Lage *I* ($\mathfrak{H}$ positiv), Ausschalten von Kontakt 24 auf 4.

Die Zwischenstufen sind so groß zu wählen, daß genügend Punkte zum Zeichnen der Kurve vorliegen. Der Anfänger berücksichtigt zweckmäßig alle vorhandenen Widerstandsstufen von R_1. Die Resultate sind für jeden Stab in einer Tabelle und in Kurvenform wiederzugeben.

$$\text{Abszisse} \quad 1 \text{ cm} = \frac{10\,A\,w}{\text{cm}}$$

$$\text{Ordinate} \quad 1 \text{ cm} = \frac{10\,\mu\,Vs}{\text{cm}^2}$$

Der Abschnitt der Hysteresisschleife auf der $\mathfrak{B}$-Achse gibt die „Remanenz", der Abschnitt auf der $\mathfrak{H}$-Achse die „Koerzitivkraft". Die Ummagnetisierungsarbeit pro cm³ der Probe ist proportional dem Flächeninhalt der Hysteresisschleife, nämlich:

$$A = \int \mathfrak{H}\,d\mathfrak{B} \cdot \left(\frac{\text{Wattsekunden}}{\text{cm}^3}\right)$$

(Achtung wegen der Wahl des Maßstabes von $\mathfrak{B}$ und $\mathfrak{H}$).

25. Zugkraft eines Elektromagneten.

Zubehör:

    B Akkumulatorenbatterie 6 Volt,
    S doppelpoliger Schalter,
    A Strommesser 0 ... 3 Amp,
    R Schiebewiderstand 13 Ω, 6 Amp,
    M Elektromagnet,
        ein Gewichtsatz.
        Schaltung nach Bild 44.

Beschreibung des Elektromagneten: Der Elektromagnet besteht aus einem fest montierten Feldsystem und dem beweglichen Anker nebst Waagschale. Das Feldsystem ist aus Blechen aufgebaut, deren Abmessungen aus Bild 45 entnommen werden können. Der mittlere Schenkel trägt die Erregerwicklung; sie besitzt $w = 495$ Windungen und ist für einen Dauerstrom von 2 Amp bemessen, eine kurzzeitige Überlastung bis zu 3 Amp ist zulässig. Die drei Polflächen des Feldsystems besitzen eine wirksame Fläche (Eisenquerschnitt) von insgesamt $F \approx 9{,}5$ cm². Der Anker ist als massive Eisenplatte ausgebildet, welche den drei Polflächen des Feldsystems gegenübersteht; das Gewicht des Ankers einschließlich Waagschale beträgt 0,150 kg. Zur Abschirmung der Streukraftlinien, die von den Seitenflächen des Feldsystems unmittelbar zum Anker übertreten, ist die Ankerplatte von einem rechteckigen eisernen Schutzring umgeben; er kann in der Höhe verstellt werden und dient gleichzeitig zum Halten der Distanzplatten, welche zwischen Feldsystem und Anker eingeschoben werden, um einen bestimmten Abstand zu gewährleisten. Der eingestellte Abstand ist magnetisch einem gleich großen Luftspalt gleichwertig.

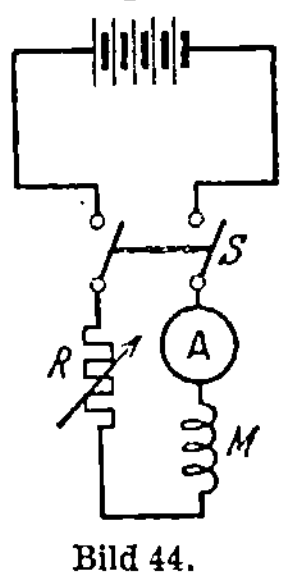

Bild 44.

Theoretische Grundlagen: Die Zugkraft eines Elektromagneten wird aus der Energieänderung bestimmt, die das Feld bei einer gedachten („virtuellen") und daher frei wählbaren Verschiebung des Ankers erfährt. Diese Verschiebung führt man, ganz im Gegensatz zu etwa tatsächlich stattfindenden Bewegungsvorgängen und von diesen völlig unabhängig, zweckmäßig bei konstant gehaltenem Induktionsfluß des Feldsystems aus. Denn dann gibt die Stromquelle während der gedachten Verschiebung infolge Fehlens einer induzierten elektromotorischen Kraft keine Leistung ab, so daß die gesamte elektromagnetische Energie vollständig in mechanische Arbeit umgesetzt wird. Für die Verschiebung $\delta\varDelta$ gelangt man so bei der Energieänderung δW_m zu folgender Energiebilanz für die Kraft P:

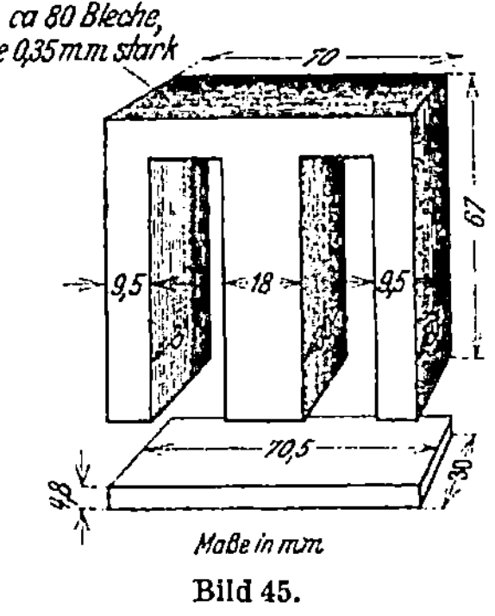

Bild 45.

$$\delta W_m = P \cdot \delta\varDelta$$

Im vorliegenden Falle kann man annehmen, daß der Hauptteil der Energie im „Luftspalt" zwischen Feldsystem und Anker sitzt. Für den Luftspalt $\varDelta$ errechnet sich nun die Feldstärke $\mathfrak{H}$ im Luftspalt aus der Durchflutung D (Produkt aus Erregerstrom I und Windungszahl w der Erregerspule) nach dem Durchflutungsgesetz:

$$\mathfrak{H} \cdot 2\varDelta = D \; ; \quad \mathfrak{H} = \frac{D}{2\varDelta}$$

Weiterhin herrscht daher im Luftspalt die magnetische Induktion

$$\mathfrak{B} = \varPi \cdot \mathfrak{H}; \quad \varPi = 4\pi \cdot 10^{-9}$$

In jeder Raumeinheit dieses Feldes ist die Energie gleich dem halben Produkt aus Feldstärke und Induktion. Ist F die Summe der drei Polflächen des Feldsystems, so beträgt also die Gesamtenergie:

$$W_m = F \cdot \varDelta \cdot \frac{1}{2} \cdot \mathfrak{H} \cdot \mathfrak{B} = \frac{F \cdot \varDelta}{2} \cdot \varPi \cdot \left(\frac{D}{2\varDelta}\right)^2 = \frac{F}{8} \cdot \varPi \cdot \frac{D^2}{\varDelta}$$

Da der Anker in Richtung der Feldlinien angezogen wird, ergibt sich für die gedachte Luftspaltänderung $\delta\varDelta$ die Energiebilanz

$$-\frac{F}{8}\cdot\varPi\cdot\frac{D^2}{\varDelta^2}\cdot\delta\varDelta = P\cdot\delta\varDelta$$

somit

$$P = -\frac{F}{8}\cdot\varPi\cdot\frac{D^2}{\varDelta^2}$$

Diese Beziehung liefert die Kraft P in $\dfrac{\text{Watt sec}}{\text{cm}}$; man rechne diese Kraft in kg um (s. S. 51).

Versuche: Durch den Versuch soll die Abhängigkeit der Zugkraft vom Erregerstrom und vom Abstand zwischen Anker und Feldsystem festgestellt werden.

Man stellt zunächst den gewünschten Abstand zwischen Anker und Feldsystem mittels eines der vorhandenen Distanzstücke her, indem man den Schutzring in die richtige Lage bringt und mittels der vorgesehenen Befestigungsschrauben festhält.

Sodann steigert man bei unbelasteter Waagschale den Strom bis zu seinem Höchstwerte von etwa 2,5 Amp; der Anker muß dann an der Unterseite des Distanzstückes fest anliegen. Nunmehr werden die Gewichte aufgesetzt, wobei darauf zu achten ist, daß die Waagschale frei schwebt. Man verringert jetzt durch Regeln des Widerstandes den Strom sehr langsam, bis der Anker abreißt. Es empfiehlt sich, um genaue Ergebnisse zu erhalten, jedesmal durch einen Vorversuch den ungefähren Wert des Abreißstromes zu bestimmen, der bei dem folgenden Hauptversuch dann sehr genau abgelesen werden kann.

Die Versuche werden für 1, 2, 3, 4 mm Abstand zwischen Anker und Feldsystem durchgeführt. Das Ergebnis ist durch Kurven darzustellen. Die gemessenen Werte sollen mit den Aussagen der Rechnung verglichen werden. Die Unterschiede rühren z. T. von dem Einfluß der Streulinien, zum anderen Teil von der Ungleichmäßigkeit des Luftspaltes her, die sich besonders bei kleinen Luftspalten bemerkbar macht.

26. Bestimmung des Flusses von Dauermagneten.

Zweck der Untersuchung: In vielen elektrischen Meßgeräten und Apparaten, wie z. B. Zählern und Relais, werden Bremsmomente benötigt, die genau proportional der Drehzahl einer sich drehenden Welle sind. — Man benutzt hierzu in der Regel eine Wirbelstrombremse, die aus einer homogenen Metallscheibe besteht, die sich zwischen den Polflächen eines Magneten hindurchdreht. In der Scheibe werden hierdurch elektromotorische Kräfte induziert, die nach dem Induktionsgesetz der Drehzahl n und dem Fluß $\varPhi$ des Magneten proportional sind. Die in der Scheibe entstehenden Wirbelströme werden $\dfrac{n\,\varPhi}{R}$ proportional, wenn R den Widerstand der Scheibe gegen die Wirbelströme bedeutet. Daher wird das Bremsmoment dem Produkt aus Fluß und Wirbelströmen proportional, d. h. $\dfrac{n\,\Phi^2}{R}$. Die Stärke des Bremsmomentes ist also quadratisch vom Fluß Φ abhängig. Beim Zählerbau z. B. benutzt man Dauermagnete zur Bremsung der Zählerscheibe; es ist also wichtig 1. daß man die Stärke der Flüsse der einzubauenden Magnete kennt und 2. daß man feststellt, ob die Magnete nicht zeitlich in ihrer Stärke nachlassen. Sie müssen deshalb künstlich gealtert und auf ihre Konstanz untersucht werden.

Für die Messungen ist von der Physikalisch-Technischen Reichsanstalt eine Apparatur angegeben worden, mit der die folgende Aufgabe ausgeführt wird[1].

Beschreibung des Meßapparates: Die Anordnung zur Messung des Flusses besteht aus einem Motor, welcher ein System von 2 Scheiben antreibt. Die Scheibe 1 (Bild 46) ist fest auf der Achse angeordnet, während die Scheibe 2, die das eigentliche Meßorgan darstellt und aus Manganin besteht, über eine hochempfindliche Schraubenfeder mit der Achse gekuppelt ist. Auf dem Rande der Scheibe 2 befindet sich eine Skale, in die Scheibe 1 ist eine Glaslinse eingelassen. Außerhalb des Scheibensystems ist ein Fernrohr mit Fadenmarke so aufgestellt, daß durch die umlaufende Linse bei jeder Umdrehung einmal die beleuchtete Skale der Scheibe 2 abgelesen werden kann. Durch diesen Kunstgriff wird erreicht, daß auch bei rascher Drehung der Scheibe

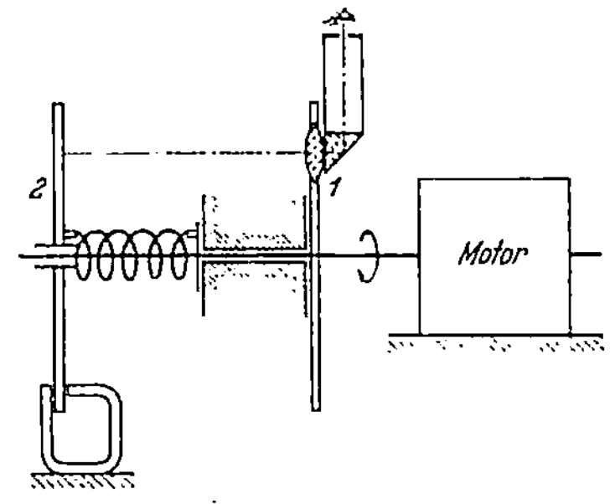

Bild 46.

die Skale scheinbar still steht, und daß man an der Skale die Relativlage der beiden Scheiben gegeneinander ablesen kann. — Neben der Scheibe befindet sich eine feste Laufschiene, in welche die auf Schlitten befestigten Magnete so eingeschoben werden können, daß ihre Polflächen über die rotierende Scheibe greifen. Infolgedessen werden in der Scheibe 2 Wirbelströme erzeugt. Das entstehende Bremsmoment wird von der Schraubenfeder aufgenommen, so daß die Skale gegen ihre Anfangslage um einen bestimmten Winkel verdreht wird. Das Drehmoment ist proportional $\dfrac{n\,\Phi^2}{R}$. Wäre die Bremsscheibe aus reinem Kupfer oder Aluminium, so würde also der starke Temperaturkoeffizient des Widerstandes R dieser Metalle in die Messung eingehen. Deshalb ist für den Meßapparat die Scheibe aus Manganin gemacht. Andererseits ist aber der spezifische Widerstand von Manganin rund 25mal so hoch als der des reinen Kupfers. Man ist also gezwungen, um die an sich nicht großen Drehmomente nicht zu klein werden zu lassen, den großen Wert von R durch eine verhältnismäßig hohe Drehzahl auszugleichen. Aus diesem Grunde nimmt man als Antriebsmotor für die Scheiben einen

---

[1] S c h m i d t: Z. Instrumentenkde. 1924, 93; ferner: M e ß k i n - K u ß m a n n: Ferromagnetische Legierungen. Berlin 1932.

vierpoligen Synchronmotor, der bei der Frequenz 50 Hz die Drehzahl 1500 hat. Man erreicht damit gleichzeitig den Vorteil, daß man bei Netzen mit guter Konstanz der Netzfrequenz ganz von selber mit einem ein für allemal konstanten Wert von n arbeitet.

a) Relative Messungen: Man legt den Motor und den auf demselben Brett befindlichen Transformator für die Lichtquelle an eine Wechselspannung von 120 Volt. Nachdem der Motor in Gang gesetzt ist, muß man etwa 4 Minuten warten, bis die Lagerreibung einen konstanten Wert angenommen hat. Jede Berührung der laufenden Scheibe gefährdet das empfindliche Meßsystem der Schraubenfeder und ist deshalb unbedingt zu vermeiden. Nachdem sich der Motor eingelaufen hat, liest man auf der Skale den Nullpunkt für die erste Messung ab. Nun schiebt man den zu prüfenden Magneten bis zum Anschlag der Schlittenführung über die rotierende Scheibe und liest den Endausschlag auf der Skale ab. Der Magnet wird danach wieder herausgeschoben, so daß sich die Scheibe wieder in die Leerlauflage zurückdreht, die erneut abgelesen wird. (Vorsicht! Beim Ein- und Ausschieben Scheibe nicht berühren!) Bleibt während des Versuches die Reibung genau konstant und stellt sich die Feder einwandfrei zurück, so muß die Leerlauflage vor und nach Einschieben des Magneten dieselbe sein. Wenn dies nicht der Fall ist, so muß aus den beiden Leerlauflagen am Anfang und am Ende des Versuches der Mittelwert gebildet werden. In derselben Weise werden die anderen Magnete gemessen. Wird einer der Magnete als Normalmagnet angesehen, so erhält man die relative Stärke der übrigen Magnete im Verhältnis zu der des Normalmagneten, indem man die zugehörigen Ausschläge an der Scheibe durcheinander dividiert.

b) Absolute Messungen: Zur Eichung des Apparates dient ein Elektromagnet, dessen Polflächen angenähert dieselbe Form wie die zu prüfenden Magnete besitzen; dadurch wird erreicht, daß der zusätzliche Luftwiderstand der Scheibe in der Umgebung des Magneten in den verglichenen Fällen derselbe ist. Der Eisenquerschnitt des Elektromagneten ist so reichlich dimensioniert, daß in dem benutzten Arbeitsbereich der magnetische Eisenwiderstand gegenüber dem Luftspaltwiderstand vernachlässigt werden kann. Deshalb berechnet sich der Fluß Φ aus der Durchflutung D, der wirksamen Polfläche F und der Länge l des Luftspaltes zu:

$$\Phi = \Pi \cdot \frac{D \cdot F}{l} \qquad \begin{aligned} \Pi &= 4\,\pi \cdot 10^{-9}; \\ D &= i \cdot w; \qquad w = 314 \text{ Wdgn.}; \\ F &= 2{,}41 \text{ cm}^2; \qquad l = 0{,}2 \text{ cm.} \end{aligned}$$

Zur Bestimmung der wirksamen Polfläche wurde eine Hilfswicklung auf einem Schenkel des Magneten aufgebracht. Wurde nun in der Hauptwicklung der Strom meßbar verändert, so konnte die zugehörige Flußänderung in der Hilfsspule mit dem ballistischen Galvanometer gemessen werden.

Man setzt nun den Elektromagneten auf (Bild 47) und schaltet nach Feststellung des Nullpunktes den Strom einer Akkumulatorenbatterie B über einen regelbaren Widerstand R und Strommesser A mit seinem Kleinstwert ein. Mit wachsendem Erregerstrom liest man die zugehörige Einstellung der Skale auf der Scheibe ab; ebenso führt man eine Meßreihe mit abnehmendem Strom durch.

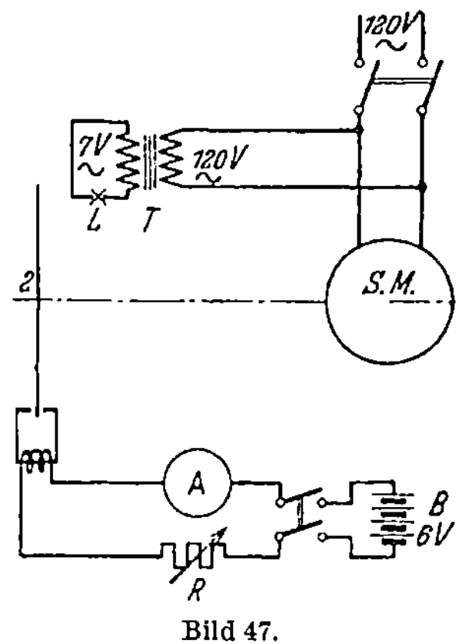

Bild 47.

Aus den Meßwerten zeichnet man die beiden Kurven: Skalenausschlag (Ordinate) als Funktion des Stromes (Abszisse) für zu- und abnehmende Erregung. Der Mittelwert beider Kurven gibt den mittleren Skalenausschlag als Funktion des Erregerstromes an. Aus den Konstruktionsgrößen des Elektromagneten ist nunmehr die mittlere Eichkurve des Apparates (Skalenteile als Funktion des Flusses) zu zeichnen und aus den Meßwerten hierdurch der Fluß und die Luftinduktion $\mathfrak{B} = \dfrac{\Phi}{F}$ der einzelnen Dauermagnete zu ermitteln.

27. Untersuchung eines Überstromrelais.

Zubehör: 1 Überstromrelais für 30 Amp Nennstrom,
      1 Transformator $2 \times 110/15$ Volt, $2 \times 6{,}3/75$ Amp,
      1 Dreheisen-Stromzeiger für 20 und für 100 Amp,
      1 Schiebewiderstand 380 Ω 5 Amp,
      1 Sekundenmeßgerät der AEG.

Beschreibung des Überstromrelais. Das Überstromrelais dient zum Schutze eines Stromkreises gegen Überlastung.

Es soll ein Überstromrelais der Siemens-Schuckert-Werke untersucht werden, das bei eintretender Überlast in einem Hochspannungsnetz einen Ölschalter auslöst. Der Netzstrom durchfließt nach Bild 48 die Erregerspule eines Elektromagneten, dessen Anker drehbar gelagert ist. Dieser Anker wird im stromlosen Zustand des Relais durch eine Feder in seine Ruhelage gezogen, deren Vorspannung durch eine Schraube innerhalb bestimmter Grenzen eingestellt werden kann. Fließt nun ein Strom durch die Magnetwicklung, so steht der Drehanker unter dem gleichzeitigen Einfluß von zwei Drehmomenten: eines Vor-

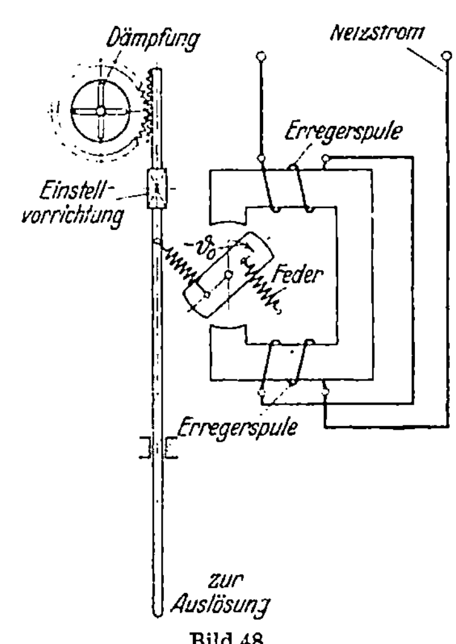

Bild 48.

wärtsdrehmomentes des Betriebsstromes und eines Rückführmomentes der Feder. Das Vorwärtsdrehmoment ist proportional dem Quadrat des Betriebsstromes, ist also auch bei Wechselstrom stets einsinnig.

Der Anker beginnt sich erst zu bewegen, wenn das Triebmoment größer ist als das Rückführmoment. Je nach der Vorspannung der Feder ergibt sich also ein gewisser Schwellwert des Stromes, bei dem das Relais anspricht. Diesen Schwellwert kann man mit einem Schlüssel an einer Skale einstellen.

Die bei Überschreiten des Ansprechstromes einsetzende Drehbewegung wird durch eine angebaute Dämpfung absichtlich verzögert. Die Dämpfung besteht aus einem Laufwerk, das mit dem Drehmagneten gekuppelt wird und von ihm angetrieben wird. Die Kupplung erfolgt durch eine Feder. Überschreitet der Strom den Schwellwert nur wenig, so wirkt die Feder als starre Kupplung, so daß die Auslösezeit mit wachsendem Überstrom abnimmt. Bei großem Überstrom, insbesondere bei Kurzschluß, bewegt sich der Drehanker sofort in seine Endlage und spannt dabei die Kuppelfeder. Die auf die Dämpfung wirkende Kraft ist dann unabhängig vom Strom nur durch die Spannung der Feder bestimmt, und damit bleibt auch die Auslösezeit in diesem Bereich unabhängig vom Strom. Das Relais ist also ein „begrenzt abhängiges". An einer Skale kann diese Zeit in Sekunden eingestellt werden; danach wird entkuppelt und der Drehmagnet löst den Schalter aus.

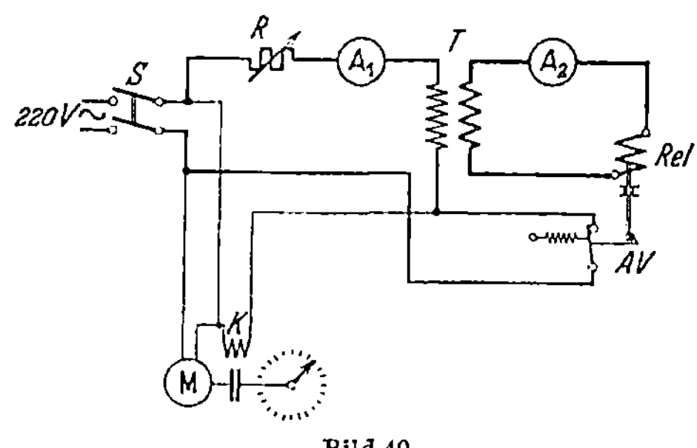

Bild 49.

Versuche: Die Versuchsanordnung ist in Bild 49 schematisch dargestellt. Der Strom wird dem Drehstromnetz der BEWAG (3 × 220 Volt) über den Schalter S entnommen. Er fließt über einen Schiebewiderstand R in den Einphasentransformator T für 2 × 110 Volt · 6,3 Amp/15 Volt 75 Amp.

Der Sekundärstrom gelangt über den Strommesser A zum Überstromrelais REL. Durch den Drehmagneten des Relais wird die Auslösevorrichtung AV betätigt, die den primären Stromkreis unterbricht.

Mit einem Sekundenmeßgerät der AEG werden die Auslösezeiten bei verschiedenen Strömstärken zwischen 42 und 100 A gemessen. Dieses Gerät enthält einen kleinen Synchronmotor, dessen Drehzahl also genau festliegt, wenn die Frequenz konstant bleibt; im Netz der Bewag ist dies der Fall. Der Motor treibt über ein Vorgelege und eine elektromagnetisch betätigte Kupplung die Zeiger an. Durch die im Bild 49 dargestellte Schaltung wird erreicht, daß die Kupplung gerade während der Laufzeit des Relais eingerückt ist. Durch einen Druckknopf können die Zeiger in die Ruhelage zurückgeführt werden.

Am Relais sind einstellbar: die Schwellwerte des Stromes und die Zeiten, nach denen bei Kurzschluß ausgelöst wird. Der Schwellwert ist auf 42 A eingestellt, an der Dämpferskale werden nacheinander die Zeiten 1, 3, 5 sec. eingestellt. Die gemessenen Zeiten sind als Funktion der Ströme in Koordinaten aufzutragen.

VI. Messungen an Maschinen.

28. Einige Elementarsätze für Gleichstrommaschinen.

Vernachlässigt man den Widerstand des Ankers einer Gleichstrommaschine, so ist

$$U_k \approx U_{\mathrm{ind}} \tag{1}$$

(U_k Klemmspannung am Anker, U_{ind} im Anker induzierte Spannung.) Tatsächlich ist beim Generator die Klemmspannung etwas kleiner, als die induzierte, beim Motor etwas größer. Ferner

$$U_{\mathrm{ind}} \sim \Phi n \tag{2}$$
$$D \sim \Phi I_A \tag{3}$$

(Φ Magnetfluß der Maschine, n Drehzahl, D Drehmoment, I_A Ankerstrom.)

Da in praktischen Betrieben U_k konstant zu sein pflegt, so muß nach Gl. (1) und (2) auch unabhängig von der Schaltung Φn annähernd konstant sein.

Bei dem Nebenschlußmotor liegt der Erregerstrom an U_k, also ist Φ konstant, und der Ankerstrom, der im wesentlichen die Betriebskosten bestimmt, wächst nach Gl. (3) proportional mit dem Drehmoment (mechanischer Last). Die Drehzahl des Motors wird nach Gl. (2) konstant, unabhängig von der mechanischen Last. Soll die Drehzahl gesteigert werden, so muß man Φ kleiner machen, d. h. einen Widerstand im Erregerkreis einschalten.

Beim Hauptstrommotor liegen Erreger- und Ankerkreis in Reihe, folglich ist für kleinere Stromstärken $\Phi \sim I_A$ und das Drehmoment nach Gl. (3) proportional dem Quadrat der Ankerstromstärke (großes Anzugsmoment). Entlastet man die Maschine bis zum Leerlauf, so geht $D \to 0$, $I_A \to 0$, $\Phi \to 0$, und da auch hier $\Phi n \approx$ konst ist, $n \to \infty$ (die Maschine geht durch).

29. Schaltung und Bedienung der Nebenschlußmotoren für Gleichstrom.

Allgemeines. An den Klemmen sind die Buchstabenbezeichnungen angebracht, die in den Normalien des Verbandes deutscher Elektrotechniker vorgeschrieben sind (vgl. S. 9).

Auf einigen Stationen sind Kabel von den Maschinenklemmen zu einer Klemmleiste geführt, die am unteren Ende jeder Schaltwand angebracht ist; die Buchstabenbezeichnungen sind in diesem Falle an den Klemmleisten angebracht. Entsprechend ist die Einrichtung bei den Anlassern, Regelwiderständen, Schaltern, Meßinstrumenten. Bei anderen Stationen sind die Kabel nicht an die Maschinenklemmen geführt, sondern enden frei am Maschinenrost.

An zwei mit blauem Schild gekennzeichneten Klemmen (vgl. S. 4) liegt die „Stationsspannung" von 120 Volt, sobald der „Stationsschalter" geschlossen wird. Wird nur die „Stationsspannung" als primäre Energiequelle benutzt, so kann man durch Öffnen des Stationsschalters sofort den ganzen Aufbau spannungslos machen. Dies ist zu beachten, falls Überlastungen, Kurzschlüsse oder sonstige Unregelmäßigkeiten beim Arbeiten auftreten.

Das „Stationsvoltmeter" zeigt die Klemmenspannung an den Stationsklemmen, das „Stationsamperemeter" den gesamten den Stationsklemmen entnommenen Strom.

Bei der Schaltung von Nebenschlußmotoren ist der Ankerkreis durch stärkere Kabel (mit Steckbolzen) herzustellen, der Nebenschlußkreis mit dünneren Leitungen, die unter die Flügelmuttern geklemmt werden (Belastbarkeit s. S. 1).

Schaltung (Bild 50):

E Akkumulatorenbatterie 120 Volt,

PN Stationsklemmen,

S Stationsschalter,

CD Wicklung für die Magneterregung,

AB Motoranker,

GH Wendepole (nicht bei allen Maschinen vorhanden),

$s\,t$ Magnetregler (Feldregler),

LMR Anlasser.

(Wenn Klemme M nicht vorhanden ist, ist t direkt mit L zu verbinden; ist dagegen M vorhanden, so wird t nicht mit L, sondern mit M verbunden.)

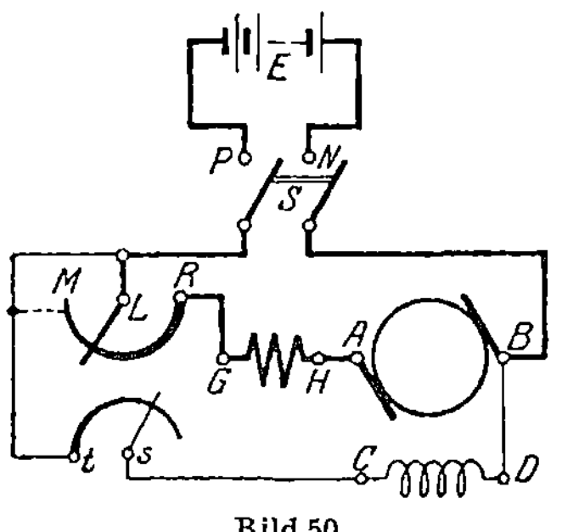

Bild 50.

Es sind an dem Schalttisch bei offenem Hauptschalter die Verbindungen nach dem Schema Bild 50 herzustellen. Der Anlaßwiderstand ist anfangs eingeschaltet, der Magnetregler ausgeschaltet. Bei den meisten an den Stationen festmontierten Widerständen entspricht die mit A bezeichnete Kurbelstellung dem eingeschalteten, die mit B bezeichnete dem ausgeschalteten Widerstand.

Anlassen und Regeln der Drehzahl des Motors:

S schließen, den Anlaßwiderstand langsam vollständig ausschalten, dabei nicht auf den Motor, sondern auf den Stationsstrommesser blicken und die Anlaßkurbel nur mit einer solchen Geschwindigkeit drehen, daß der Strom nicht über den für den Motor maximal zulässigen hinauskommt,

durch langsames Drehen der Kurbel s des Magnetreglers die gewünschte Drehzahl einstellen (Vergrößern des Widerstandes vergrößert, Verkleinern verringert die Drehzahl),

feststellen, innerhalb welcher Grenzen die Drehzahl mit dem Magnetregler $s\,t$ verändert werden kann.

Sind die mit dem Feldregler erzielbaren Stufen der Drehzahl zu grob, so schaltet man parallel zu $s\,t$ einen größeren Widerstand (Schiebewiderstand) und bewirkt mit diesem die Feinregelung. Der parallelgeschaltete Widerstand darf nicht zu klein werden, wenn die Feinregelung wirksam bleiben und eine Überlastung des Schiebewiderstandes vermieden werden soll.

Soll die Drehzahl kleiner gemacht werden, als durch die beschriebene Schaltung erreichbar ist, so wird in den Ankerkreis zwischen R und G ein Kurbelwiderstand für größere Ströme (Hauptstromregler) eingeschaltet. Der in dem Ankerkreis liegende Anlaßwiderstand ist in der Regel für diesen Zweck nicht brauchbar, da er nur für kurzzeitige Belastung mit dem vollen Maschinenstrom gebaut zu werden pflegt. Man wird überhaupt diese Regelung nur ungern anwenden, weil damit merkliche Energieverluste verknüpft sind und auch jede Hauptstromänderung eine größere Drehzahländerung zur Folge hat.

Das Abschalten des Motors bewirkt man in folgender Reihenfolge:

1. Motor entlasten.
2. Bei voller Drehzahl Hauptschalter öffnen.
3. Widerstand des Feldreglers ausschalten.
4. Anlaßwiderstand ganz einschalten!

Damit ist der Motor wieder fertig zum Inbetriebsetzen.

30. Charakteristik einer fremderregten Gleichstrommaschine.

Zubehör (Bild 51, wegen Bezeichnungen s. auch S. 9):

$t\,s\,q$ Feldregler der Maschine,

R_e Schiebewiderstand 380 Ω,

A_e Strommesser für den Erregerstrom,

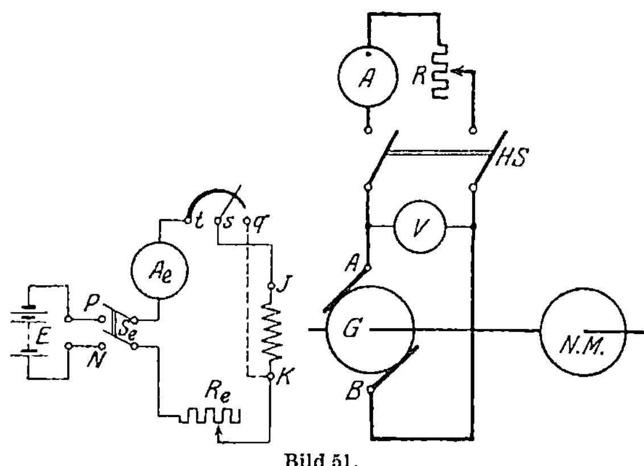

Bild 51.

S_e Schalter für den Erregerstrom,

IK Feldwicklung $\}$ des zu untersuchenden Gleich-
AB Anker $\qquad$ $\quad$ stromgenerators G,

HS Schalter für den Belastungsstromkreis,

A Strommesser für den Belastungsstrom,

R Belastungswiderstand der Station mit parallelgeschaltetem großen Kurbelwiderstand,

V Spannungsmesser für die Klemmenspannung des Generators,

NM Antriebsmotor (Nebenschlußmotor) für den Generator. (Schaltung des Motors ist nicht mit gezeichnet, vgl. Nr. 29.)

Welche Meßbereiche für V, A, A_e zu wählen sind, geht aus den Aufschriften auf dem Maschinenschild hervor. Vor dem Einschalten der Erregung des Generators sind Kurbelwiderstand $t\,s$ und Schiebewiderstand R_e auf ihre größten Werte zu bringen. Soll die Erregung gesteigert werden, so ist zuerst der Schiebewiderstand auszuschalten und erst, nachdem dieser ganz ausgeschaltet ist, der Widerstand $t\,s$ zu verringern. Beim Schwächen der Erregung verfährt man in umgekehrter Reihenfolge (erst $t\,s$, dann R_e einschalten). Das Innehalten dieser Reihenfolge ist nötig, um nicht den Schiebewiderstand zu überlasten. Magnetregler besitzen gewöhnlich eine Klemme q, durch welche die Erregerwicklung kurzgeschlossen und damit die Maschine spannungslos gemacht werden kann. In diesem Falle stellt man vor dem Öffnen von S_e die Kurbel s auf q; ist q nicht vorhanden, so muß erst der gesamte im Erregerkreis vorhandene Widerstand ($t\,s$ und R_e) auf den größtmöglichen Wert gebracht werden, bevor der Schalter S_e geöffnet werden darf; andernfalls muß man gewärtigen, daß die Magnetwicklung beim Ausschalten durchschlagen wird.

I. Leerlaufkurven des Generators. (Schalter HS offen.)

Die im Anker einer Gleichstrommaschine induzierte Spannung ist

$$U_{\mathrm{ind}} = c \cdot n \cdot \Phi$$

(n Drehzahl, Φ magnetischer Fluß im Anker, c von den Abmessungen und der Wicklung der Maschine abhängige Konstante.)

Bei unbelasteter Maschine ist die induzierte Spannung gleich der Leerlaufspannung U_0.

a) Erregerstrom I_e konstant, Drehzahl veränderlich.

Gesucht: Abhängigkeit der Leerlaufspannung U_0 von der Drehzahl.

Die Maschine wird so stark erregt, daß bei der Nenndrehzahl die Nennspannung an den Klemmen der Maschine erscheint. Die so eingestellte Erregerstromstärke wird gemessen und während des Versuches konstant gehalten.

Um die Drehzahl beliebig klein machen zu können, muß ein größerer Widerstand (großer Kurbelwiderstand für Spannungen bis 110 Volt) im Ankerkreis des Antriebsmotors NM vorgesehen werden.

Man mißt die Klemmenspannung als Funktion der Drehzahl, indem man mit einer möglichst kleinen Drehzahl beginnt, allmählich den Widerstand im Ankerkreis des Motors völlig ausschaltet und danach den Widerstand in dem Erregerkreis des Motors steigert; die Drehzahl darf den auf dem Maschinenschilde verzeichneten Wert höchstens um 20% übersteigen.

In einem Kurvenblatte wird die Drehzahl als Abszisse, die Leerlaufspannung als Ordinate eingetragen.

b) **Magnetisierungskurve des Generators.**
Drehzahl konstant, Erregerstromstärke I_e veränderlich.

Gesucht: Abhängigkeit der Generatorspannung U_0 von der Erregerstromstärke.

Man bringt die Maschine auf ihre Nenndrehzahl und hält diese konstant. Zunächst mißt man mit V bei offenem Erregerkreis die vom remanenten Magnetismus herrührende Ankerspannung. Dann schließt man S_e und steigert allmählich die Erregung, bis alle Vorwiderstände ausgeschaltet sind; man beobachtet die zu den einzelnen Erregerstromstärken (Abszisse I_e) gehörenden Klemmenspannungen der Maschine (Ordinate U_0). Dann wiederholt man die ganze Meßreihe in umgekehrter Reihenfolge bei fallender Erregerstromstärke. Wegen der Hysteresis des Eisens darf der Erregerstrom bei der ersten Reihe nur in steigender Richtung, bei der zweiten nur in fallender Richtung verändert werden. Die Kurven der beiden Reihen pflegen etwas voneinander abzuweichen; sie bilden zusammen die magnetische Charakteristik der Maschine.

II. Belastungscharakteristik.

Belastungsstrom I und Drehzahl konstant, Erregerstrom I_e veränderlich.

Die Belastungscharakteristik wird bei derselben konstanten Drehzahl aufgenommen, die unter I b angewandt wurde. Zur Belastung dient zweckmäßigerweise der unter I a zur Regelung der Drehzahl verwendete Widerstand, der bei diesem Versuch im Ankerkreis des Motors überflüssig ist; zur Feinregelung der Belastung kann der auf der Station vorhandene Belastungswiderstand parallel geschaltet werden. Die Erregerstromstärke wird allmählich gesteigert und die Maschine jedesmal durch Regeln von R mit dem halben auf dem Maschinenschild verzeichneten Nennstrom belastet. An V wird die zugehörige Klemmenspannung U_k abgelesen. Der Ankerwiderstand R_a (einschl. Wendepolwicklung) zwischen den Punkten, an denen V liegt, kann bei Stillstand der Maschine wie in Aufgabe Nr. 12 B d (S. 25) gemessen werden; sein Wert ist aus den Angaben auf der Station zu ersehen. Es ist:

$$U_i = U_k + I R_a$$

die im Maschinenanker induzierte innere EMK.

In einem Kurvenblatt wird zusammen aufgetragen:
als Abszisse: die Erregerstromstärke I_e,
als Ordinate: 1. die Klemmenspannung U_k, 2. die innere EMK U_i
und 3. die Spannung der unbelasteten Maschine U_0 (Leerlaufspannung aus Versuch I b).
Die Abweichung der Kurven U_i und U_0 rührt von der Ankerrückwirkung her; die eine Kurve ergibt sich aus der anderen angenähert durch eine Horizontalverschiebung.

III. (Fakultativ für Elektroingenieure.)

a) **Verteilung der magnetischen Induktion an der Ankeroberfläche bei Leerlauf.** Bei einigen Maschinen ist eine dritte

Hilfsbürste H (Bild 52) angeordnet, die rund um den Kollektor verschoben werden und deren Stellung an einem Teilkreis T abgelesen werden kann. Man mißt die Spannung zwischen je einer der festen Bürsten $B_1 B_2$ und der Hilfsbürste für Winkeleinstellungen am Teilkreis von

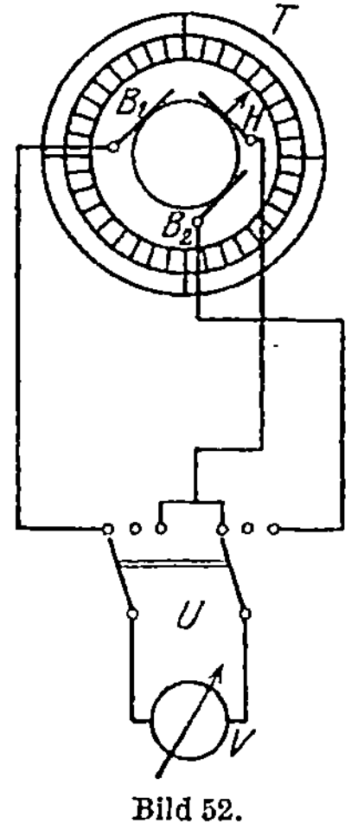

10 zu 10° und trägt die gemessenen Spannungen (Ordinaten) als Funktion der Winkel (Abszissen) ein. Sie ist dem magnetischen Fluß proportional, der durch die dem zugehörigen Winkel entsprechende Ankeroberfläche tritt.

Der Differentialquotient der erhaltenen Kurve liefert eine zweite Kurve, welche die relative Verteilung der magnetischen Induktion $\mathfrak{B}$ an der Ankeroberfläche darstellt. Man erhält die Differentialkurve angenähert, indem man die Differenzen zwischen je zwei in gleichem Winkelabstand aufeinanderfolgenden Spannungsmessungen bildet und diese im Mittelpunkt des zugehörigen Winkelintervalls als Ordinate aufträgt.

Aus den Messungen ergibt sich ferner unmittelbar die mittlere und die maximal auftretende Spannung zwischen zwei Lamellen des Kollektors.

b) Verteilung der magnetischen Induktion an der Ankeroberfläche bei Belastung. Es wird bei Belastung wie unter II die Verteilung der Induktion längs der Ankeroberfläche durch Spannungsmessung gegen die Hilfsbürste H festgestellt und in dasselbe Kurvenblatt eingetragen, das diese Verteilung für die unbelastete Maschine darstellt.

31. Charakteristik eines Nebenschlußgenerators.

Selbsterregung einer Nebenschlußmaschine. Bei der Nebenschlußmaschine sind Anker und Erregerkreis parallel geschaltet. Versetzt man die Maschine in Drehung, so wird infolge des remanenten Magnetismus in den Polen eine schwache EMK im Anker induziert, die einen Strom durch die Erregerwicklung treibt. Wird die Erregung dadurch verstärkt, so steigert sich auch die induzierte EMK, und das Spiel beginnt von Neuem. (Selbsterregung durch das dynamoelektrische Prinzip von Werner Siemens 1866.)

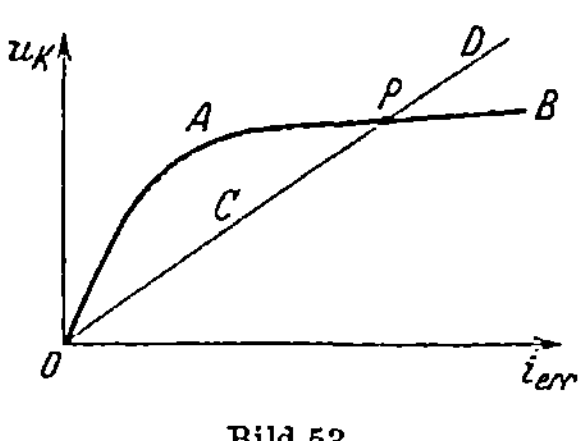

Der Gleichgewichtspunkt, bei dem die Selbsterregung halt macht, ergibt sich durch folgende Überlegung (Bild 53).

OAB sei die Leerlaufkurve der fremderregten Maschine (U_k als Funktion von i_{err}) s. Nr. 30 I. b OCD die Widerstandscharakteristik des Erregerkreises (U_k als Funktion von i_{err}) s. Nr. 12 A. Da U_k bei der Nebenschlußmaschine für beide Kreise dasselbe sein muß, so ist P der Gleichgewichtspunkt für die Selbsterregung.

Wird in den Erregerkreis ein Vorwiderstand geschaltet, so verringert sich bei derselben Klemmenspannung die zugehörige Erregerstromstärke, d. h. die Widerstandsgrade OCD dreht sich um O nach links, und man kann sich den neuen Gleichgewichtspunkt P konstruieren, bis schließlich bei zu großem Vorwiderstand die Widerstandskurve so steil verläuft, daß sie die Magnetisierungskurve OAB nicht mehr trifft. Dann ist also eine Selbsterregung nicht mehr möglich.

Versuche. Man arbeitet mit derselben Maschine, an der man in Aufg. 30 die Leerlaufkurve bei Nenndrehzahl aufgenommen hat. Man trennt die Erregerwicklung von der Maschine ab und nimmt bei stillstehender Maschine nach Nr. 12 die Widerstandsgrade für die Erregerwicklung auf und danach für die Erregerwicklung mit Vorwiderständen in einigen Stufen. Daraus berechnet man sich die Größe dieser Widerstände und zeichnet sich die Kurven nach Bild 53.

Aus diesen Kurven kann man die Leerlaufspannung bei Selbsterregung als Funktion der verschiedenen Stufen des Vorwiderstandes in der Erregung entnehmen. Man verbindet den Erregerkreis wieder mit der Maschine, mißt für dieselben Vorwiderstände die selbsterregten Spannungen und vergleicht sie mit den aus dem Schaubild entnommenen.

32. Regelungskurve eines Nebenschlußgenerators.

Schaltung nach Bild 54.

Belastet man einen Nebenschlußgenerator, so sinkt seine Klemmenspannung. Da man aber im Betriebe meist mit konstanter Klemmenspannung arbeiten will, so muß man diese „Spannungsänderung" durch Vergrößern des Erregerstromes ausgleichen. Die Größe des Betrages

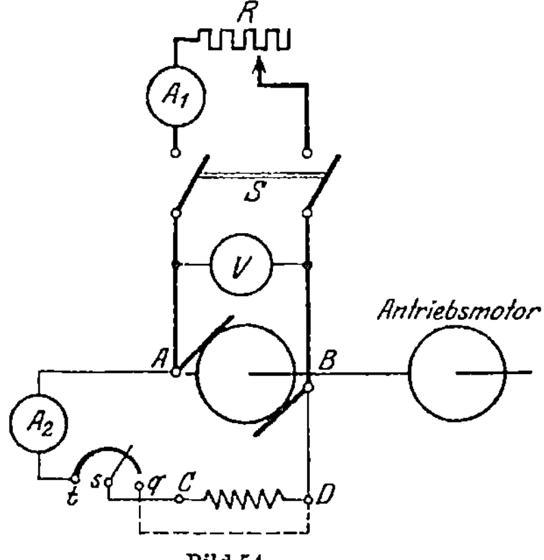

Bild 54.

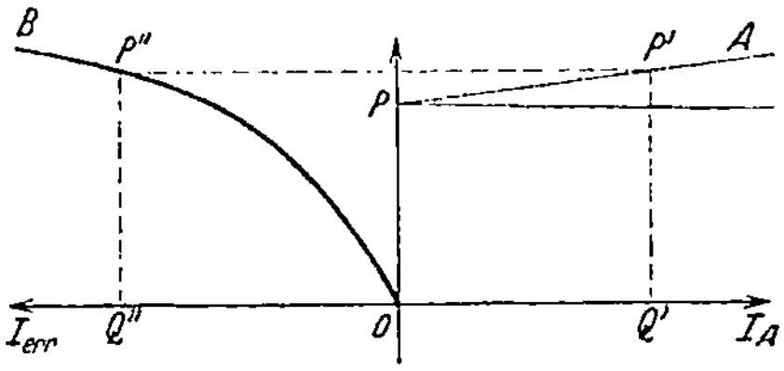

Bild 55.

findet man aus folgenden Überlegungen. Es ist

$$I_A = I_{\text{Bel}} + I_{\text{err}} \qquad (I_A \text{ Ankerstrom}). \qquad (1)$$

$$U_{\text{ind}} = f(i_{\text{err}}) \quad (\text{Leerlaufkurve der Maschine}) \qquad (2)$$

und $$U_k = U_{\text{ind}} - I_A R_A \qquad (3)$$

Ist OP (Bild 55) die einzuhaltende feste Klemmenspannung U_k, so ist nach (3) PA die Charakteristik für U_{ind}. Ist andrerseits OB die Leerlaufcharakteristik, so wird für eine Gerade $P'\,P''$ parallel zur Abszissenachse, $OQ' - OQ'' = I_\text{Bel}$ und $OQ'' = I_\text{err}$ der Erregerstrom, der für diesen Belastungsstrom die Klemmenspannung wieder · auf ihren Sollwert U_k bringt.

Versuche. Die Maschine wird zuerst auf Nenndrehzahl und Nennspannung bei Leerlauf eingeregelt, dann werden bei stufenweise bis zum Nennstrom gesteigerter Belastung diejenigen Erregerströme gemessen, die die Klemmenspannung jeweils wieder auf ihren Sollwert bringen. Diese Erregerströme werden als Funktion der Belastungsströme in einem Schaubild dargestellt, und mit den theoretisch gefundenen verglichen.

33. Charakteristik eines Hauptschlußgenerators.

Zubehör (Bild 56):

AB Anker,   } des Reihenschlußgenerators,
EF Erregerwicklung

S Schalter für den Belastungsstrom,
R Belastungswiderstand (Kurbelwiderstand an der Station),
V Spannungsmesser   } Meßbereich entsprechend der
A Strommesser   } Aufschrift an der Maschine.

Definition: Unter der äußeren Charakteristik versteht man den Zusammenhang zwischen der Belastungsstromstärke und der Klemmenspannung bei konstanter Drehzahl, aber veränderlicher Belastung.

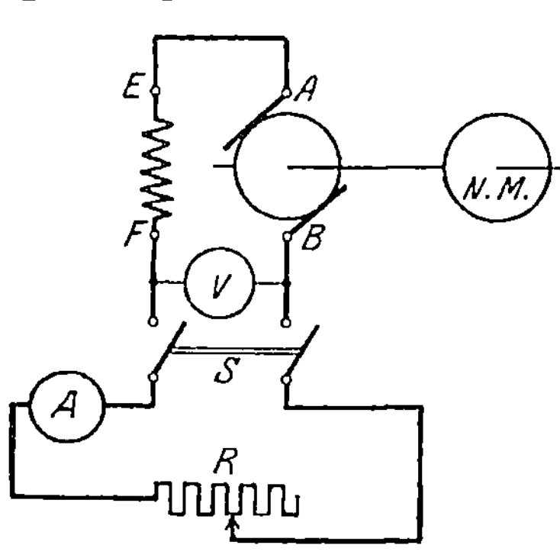

Bild 56.

Die Reihenschlußmaschine wird von einem Gleichstromnebenschlußmotor N. M. angetrieben, dessen Schaltung in der Abbildung nicht dargestellt ist (s. Nr. 29). Die Drehzahl wird durch Regeln des Feldreglers des Antriebsmotors konstant auf dem Nennwert des Generators gehalten. Bei der Aufnahme der Kurve geht man vom Leerlauf aus (S offen), schaltet dann mit S zuerst einen großen Belastungswiderstand R ein und erhöht die Belastung stufenweise durch Ausschalten ʼvon Widerstand bis zur Vollast der Maschine.

Dann vergrößert man den Belastungswiderstand wieder stufenweise bis zum Leerlauf der Maschine. Die Widerstandsregelung darf wegen der Hysteresis des Eisens zuerst nur in fallender, dann nur in steigender Richtung erfolgen und muß in kleinen Stufen ausgeführt werden, damit man genügend Punkte erhält.

Die innere Charakteristik stellt den Zusammenhang zwischen der Belastungsstromstärke und der EMK der Maschine dar. Sie wird aus der äußeren Charakteristik abgeleitet, indem man zu der Klemmenspannung den Ohmschen Spannungsabfall im Anker, den Bürsten und der Erregerwicklung addiert, d. h. $U_i = U_k + I\,(R_A + R_E)$.

Dieser Widerstand wird durch Messung von Spannung und Stromstärke gefunden (vgl. Nr. 12 B d, S. 25); da bei dieser Methode die Maschine nicht erregt sein darf, so muß die Messung des Widerstandes vom Anker und der Erregerwicklung nacheinander gesondert ausgeführt werden.

Äußere und innere Charakteristik der Maschine sind in einem Schaubild darzustellen; Abszisse: Belastungsstromstärke I; Ordinate: Klemmenspannung U_k und elektromotorische Kraft U_i.

34. Abbremsen eines Nebenschlußmotors.

Zubehör (Bild 57):

R_1 Schiebewiderstand von $54 + 7$ Ohm, für max. 5 bzw. 14 Amp,

$R_2 R_3$ Schiebewiderstände von je 370 Ohm,

LR Anlaßwiderstand ⎱ auf dem Gestell des Motors

$t\ s$ Nebenschlußregler ⎰ fest montiert,

A_1 Strommesser für 7,5 Amp,

A_2 Strommesser für 0,75 Amp,

V Spannungsmesser für 150 Volt,

S zwei Schalter,

ein Umdrehungszähler.

Erläuterungen: Die zur Messung der Leistungsabgabe kleinerer Motoren verwendete Wirbelstrombremse von S. & H.[1] besteht im wesentlichen aus einer auf der Motorwelle sitzenden Kupferscheibe (Bremsscheibe), die sich zwischen den Polen eines Elektromagnetes dreht. Die Verbindung der Scheibe mit der Nabe ist durch Stahlspeichen hergestellt. Der Elektromagnet ist auf zwei Schneiden in der Verlängerung der geometrischen Motorachse drehbar gelagert und ist fest mit einem Messingrohr mit Skale und Laufgewicht verbunden, so daß das auf den Magneten ausgeübte Drehmoment gemessen werden kann. Durch ein Gegengewicht kann die Bremse ausbalanciert werden. Der Fluß des Elektromagnetes geht durch die Bremsscheibe und ist jenseits derselben

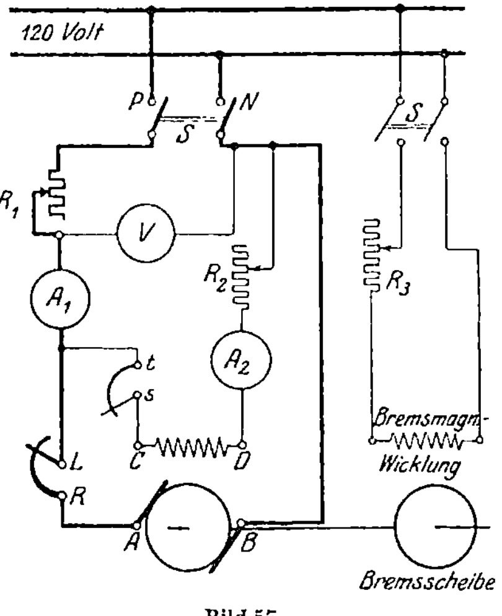

Bild 57.

durch ein mit dem Magneten fest verbundenes Joch geschlossen. Der Strom wird der Bremswicklung durch dünne biegsame Drähte zugeführt.

---

[1] Nachrichten S. & H. 1902 Heft 32 und ETZ 1905 S. 83.

Versuche: Zunächst wird bei stillstehendem Motor das Laufgewicht auf den Nullstrich gestellt und der Waagebalken mit dem Gegengewicht so ausbalanciert, daß er auf die Gleichgewichtsmarke einspielt. Um Meßfehler durch die Einwirkung des Erdfeldes auszuschließen, soll der Bremsmagnet in der Richtung des magnetischen Erdfeldes gegen die Horizontale geneigt sein (etwa 65°) und in der Nord-Süd-Richtung stehen.

Nachdem die Bremse so richtig eingestellt ist, wird der Motor bei abgeschalteter Bremsmagnetwicklung angelassen. Die Motorspannung (an V abzulesen) soll während sämtlicher Versuche 110 Volt betragen; sie ist mit dem Widerstand R_1 vor jeder Ablesung genau nachzuregeln. Durch Schwächen der Erregung mit dem Nebenschlußregler $t\,s$ und dem Widerstand R_2 wird die minutliche Drehzahl bei Leerlauf auf den Nennwert 1650 gebracht. Während der weiteren Versuche werden $t\,s$ und R_2 in der so gefundenen Stellung belassen, so daß der Erregerstrom konstant bleibt.

Dann wird das Laufgewicht P auf einen solchen Hebelarm l eingestellt, daß ein bestimmtes gewünschtes Drehmoment zustande kommt; durch Regeln des Stromes im Bremsmagneten erreicht man, daß der Waagebalken dauernd genau einspielt und der Motor mit dem betreffenden Moment belastet ist.

Bei jeder Belastung sind abzulesen:

Motorspannung $U = 110$ Volt   an V,
Motorstromstärke I in A an A_1,
Erregerstromstärke $I_e =$ const.   an A_2,
Drehzahl n,
Verschiebung l des Laufgewichtes in m.

Die aufgenommene elektrische Leistung des Motors ist:

$$N_1 = \frac{UI}{1000}\ \mathrm{kW}.$$

Die abgebremste mechanische Leistung ist:

$$N_2 = \frac{2\pi \cdot 0{,}981 \cdot P \cdot l \cdot n}{6000}\,\mathrm{kW} = C \cdot l \cdot n\ \mathrm{kW}$$

(Laufgewicht $P = 0{,}716$ kg).

Es ist auf 4—5 Belastungsstufen bis zu 125% der Nennleistung einzustellen.

Die auf die Motorachse aufgesetzte Bremsscheibe verursacht beim Lauf zusätzliche Lagerreibung und Luftreibung. Die diesen Verlusten entsprechende Leistung N_0 ist durch besondere Versuche bestimmt und als Funktion der Drehzahl in Bild 58 eingetragen. Das zugehörige zusätzliche Drehmoment M_{d_0} kann aus N_0 und n nach der oben angegebenen Formel ermittelt werden.

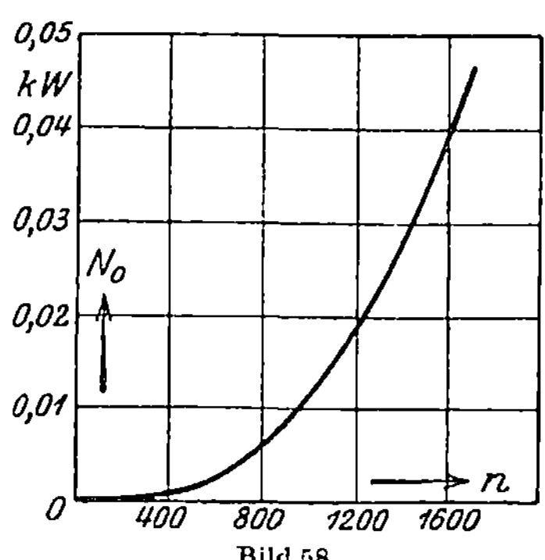

Bild 58.

Berechnet wird der Wirkungsgrad

$$\eta = \frac{N_2 + N_0}{N_1}.$$

Die Ergebnisse werden in Koordinatenpapier eingetragen; und zwar:
Abszisse: Drehmoment M_d in mkg ($= P \cdot l + M_{do}$).
Ordinate: 1) Wirkungsgrad η, 2) Drehzahl n, 3) Stromstärke I.

35. Abbremsen eines Hauptschlußmotors.

Zubehör: Schaltung nach Bild 59.

A_1 Strommesser 10 Amp,
A_3 Strommesser 2,5 Amp,
V Spannungsmesser 500 Volt,
R Schiebewiderstand 380 Ohm,
R_n Nebenschlußregler 1000 Ohm,
LR Anlasser,
       transportable Lampenbatterie,
S_1, S_3 doppelpolige Schalter.

Erläuterungen: Die in dieser Aufgabe verwandte Bremsdynamo (s. ETZ 1922 S. 1041) ist eine Gleichstrommaschine, deren Gehäuse in Kugellagern drehbar ist und zwischen zwei Anschlägen frei schwingen kann. Wird die Welle dieser Maschine von dem zu untersuchenden Motor angetrieben und ihr durch regelbare Fremderregung Strom entnommen,

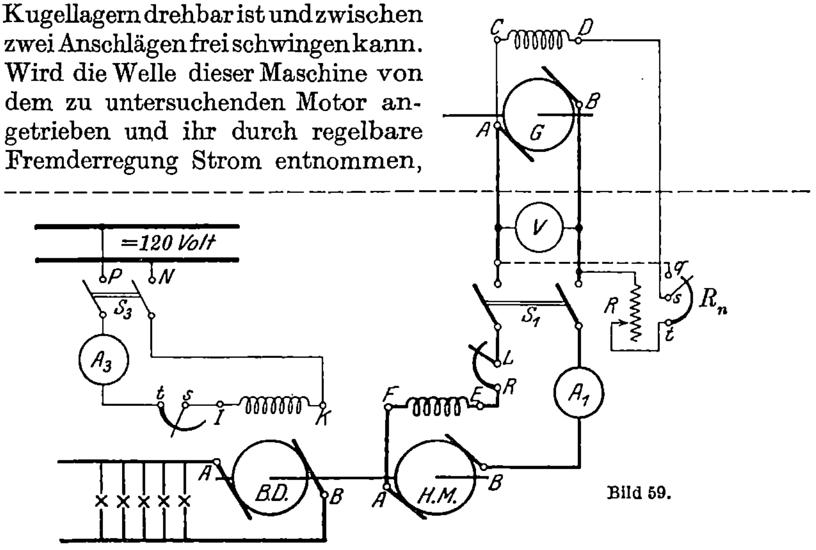

Bild 59.

so wird auf das Feldgehäuse ein Drehmoment ausgeübt; um dieses messen zu können, sind am Gehäuse Hebelarme mit Gewichtsschalen angebracht, mit denen ein dem Drehsinn des Gehäuses entgegengesetztes Drehmoment, leicht angebbarer Größe hervorgebracht werden kann. Das Bremsmoment wird mit der Erregung der Maschine geregelt. Die Bremsdynamo stimmt in ihrer Wirkungsweise grundsätzlich mit der Wirbelstrombremse überein; sie unterscheidet sich von ihr nur dadurch, daß die im Anker induzierten Ströme durch Bürsten herausgeführt und außerhalb der Bremse in Widerständen Wärme erzeugen.

Versuche: Ein Hauptschlußmotor *HM* für 440 Volt soll mit der Bremsdynamo *BD* abgebremst werden; er wird durch einen Maschinensatz angetrieben, der aus einem Drehstrom-Asynchron-Motor *M* für eine Drehspannung von 3 · 220 Volt (im Bild nicht gezeichnet) und damit gekuppelt einem Gleichstrom-Nebenschlußgenerator *G* besteht.

In den Erregerkreis des Gleichstrom-Nebenschlußgenerators *G* ist außer dem Widerstand R_n zu 1000 Ohm ein Schiebewiderstand *R* von 380 Ohm zu schalten, womit die Klemmenspannung von *G* auf 440 Volt konstant gehalten wird.

Die Bremsdynamo *BD* ist stets mit 70 Glühlampen der transportablen Lampenbatterie in Parallelschaltung zu belasten. Sie wird von den Stationsklemmen mit 120 Volt erregt; der Erregerstrom (A_3) ist anfangs auf 1 Amp einzustellen. **Vorsicht!** Bremsdynamo vor Anlassen des Motors erregen und Belastungswiderstand einschalten.

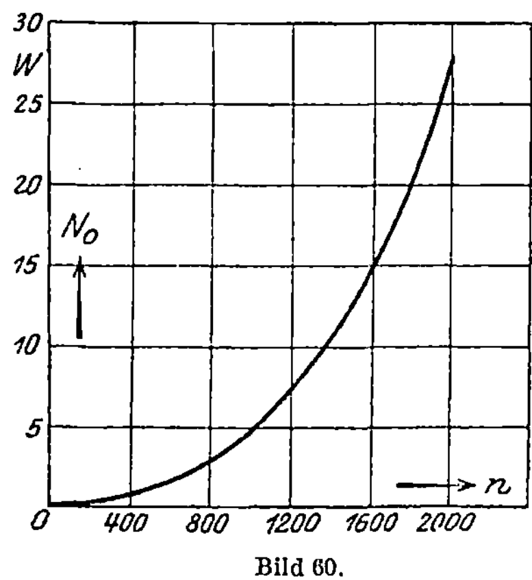

Bild 60.

Ein unbelasteter Hauptstrommotor geht durch.

Der Nebenschlußregler R_n der Gleichstromdynamo *G* ist zunächst auf den Widerstand ∞ einzustellen (geringe remanente Spannung), dann ist der Schalter S_1 zu schließen und der Anlasser *LR* allmählich auszuschalten. Jetzt erst ist der Nebenschlußregler R_n auf den ersten Kontakt einzuschalten und die Klemmenspannung des Hauptstrommotors mit dem Schiebewiderstand auf 440 Volt einzuregeln; diese Spannung wird während der Versuche konstant gehalten.

Bestimmung des Wirkungsgrades: Zu messen ist bei konstanter Klemmenspannung U_k:

der Strom *I* des Hauptschlußmotors an A_1,
die Drehzahl *n* des Hauptschlußmotors,
die Belastung der Waagschalen *P* in kg.

Die Waagschalen der Bremsdynamo sind so zu belasten, daß die Zunge einspielt; dabei sind die Laufgewichte auf Null zu stellen.

Die von dem Motor aufgenommene elektrische Leistung ist

$$N_1 = \frac{U_k \cdot I}{1000} \text{ kW}.$$

Die abgebremste mechanische Leistung ist:

$$N_2 = \frac{P \cdot l \cdot 2\pi \cdot n}{60 \cdot 75} \text{ PS} = \frac{2\pi \cdot 0{,}981 \cdot P \cdot l \cdot n}{6000} \text{ kW, wo}$$

P das aufgelegte Gewicht in kg,
l die Länge des Hebelarmes = 0,716 m,
n die Drehzahl bedeutet.

Zur Berücksichtigung der zusätzlichen Luftreibung wird wie in Nr. 34 die Leerlaufleistung N_0 der Bremsdynamo aus dem Kurvenblatt (Bild 60) in Abhängigkeit von der Drehzahl n entnommen und daraus das zusätzliche Drehmoment M_{d_0} berechnet.

Der Wirkungsgrad ist

$$\eta = \frac{N_2 + N_0}{N_1} = \frac{\text{abgegeb. Leistung}}{\text{aufgen. Leistung}} \cdot$$

Es ist die Abhängigkeit des Wirkungsgrades von der Belastung für etwa 10 Punkte aufzunehmen, entsprechend einer Drehzahl zwischen 1250 und 1900 bzw. einer Erregerstromstärke der Bremsdynamo zwischen 1,0 und 0,4 Amp. Die Lampenzahl ist konstant zu halten. Aufzutragen sind Drehzahl, Nutzleistung, Strom und Wirkungsgrad in Abhängigkeit vom Belastungsdrehmoment $M_d = Pl + M_{d_0}$.

VII. Wechselstrommessungen.

36. Allgemeines über Wechselstrommessungen.

Die technischen Wechselströme haben eine so kurze Periodendauer, daß man sich in den meisten Fällen darauf beschränkt, nur gewisse Mittelwerte anzugeben. Am wichtigsten sind die Effektivwerte.

Der Effektivwert I eines Wechselstromes ist gleich demjenigen Gleichstrom, der in einem Widerstand R dieselbe Wärmewirkung hervorruft wie der zu messende Wechselstrom. Ist der Augenblickswert des Wechselstromes i, so folgt aus dieser Definition die Formel:

$$I^2 = \frac{1}{T}\int_0^T i^2\,dt \qquad (T = \frac{1}{f}\ \text{Periodendauer},\ f = \text{Frequenz}$$
$$= \text{Zahl der Perioden/sec gemessen in Hertz.})$$

In derselben Weise definiert man die effektive Spannung durch

$$U^2 = \frac{1}{T}\int_0^T u^2\,dt$$

Daraus folgt, daß ein Hitzdrahtinstrument (s. S. 37), das mit Gleichstrom geeicht ist, bei Benutzung mit Wechselstrom unmittelbar den Effektivwert angibt, und zwar unabhängig von der Frequenz. Dasselbe gilt von Hitzdrahtspannungsmessern, sofern der Vorwiderstand völlig induktionsfrei ist, und von Strommessern mit Nebenwiderstand, sofern auch hier induktive Wirkungen ausgeschlossen sind. Das ist bei großen Strömen und höherer Frequenz schwierig zu erreichen.

Bei den dynamometrischen Apparaten wirkt das Magnetfeld einer festen Spule auf den Strom in einer beweglichen. Sind beide Spulen in Reihe geschaltet und von einem Gleichstrom g durchflossen, so ist danach das Drehmoment, das auf die bewegliche Spule ausgeübt wird, proportional g^2. Ersetzt man nun g durch einen Wechselstrom mit dem Augenblickswert i, so wird das mittlere Drehmoment proportional

$$M(i^2) = I^2$$

Ist also ein Dynamometer mit Gleichstrom geeicht, so gilt diese Eichung auch für Wechselstrom. Dabei ist aber zu beachten, daß bei Gleichstrom außer dem Feld der festen Spule auch das Erdfeld Kräfte auf die bewegliche ausübt. Man muß daher bei Gleichstrom den Strom im Dynamometer in der Richtung umdrehen und aus den beiden sich ergebenden Ausschlägen das Mittel nehmen; dieses ist dann für die Wechselstrommessungen, bei denen ja das Erdfeld unwirksam ist, maßgebend.

Bei dynamometrischen Spannungsmessern muß der induktionsfreie Vorwiderstand groß gegen den Blindwiderstand der Spulen sein. Dynamometer mit Nebenwiderständen dürfen in der Regel nicht gebraucht werden.

Bei Dreheisenapparaten (s. Nr. 15c β) kann man im allgemeinen nicht erwarten, daß sie mit Gleichstrom geeicht für Wechselstrom brauchbar sind. Aber bei guten modernen Apparaten ist der Unterschied sehr gering. Über die Benutzung mit Vor- und Nebenwiderständen gilt dasselbe, wie das bei den Dynamometern gesagte.

Eine sehr wichtige Rolle spielen in der modernen Technik die „Induktionsmeßgeräte"; ihr drehbares System besteht fast immer aus einer Metallscheibe oder einem Metallzylinder, in denen Ströme von den feststehenden magnetischen Wechselfeldern erzeugt werden. Bei Gleichstrom geben sie überhaupt keine Ausschläge; ihre Angaben sind von der Frequenz des benutzten Wechselstromes mehr oder weniger abhängig. Sie zeichnen sich durch ein relativ großes Drehmoment aus, und haben wegen dieser Eigenschaft starken Eingang in die moderne Technik gefunden.

37. Leistungsmessungen.

Ist U die Spannung zwischen den Punkten A und B auf der positiven und der negativen Leitung eines Gleichstromkreises (Bild 61), der vom Strom I durchflossen ist, so ist $N = U I$ die Leistung, die von der Generatorseite G durch den Schnitt AB an die Verbraucherseite V abgegeben wird. Man mißt die Leistung, indem man zwischen die Punkte AB einen Spannungsmesser und in die Hauptstromleitung einen Strommesser einschaltet. Bei kleineren Leistungen muß man den Eigenverbrauch der Meßinstrumente (nebst Zuleitungen) berücksichtigen. Sei:

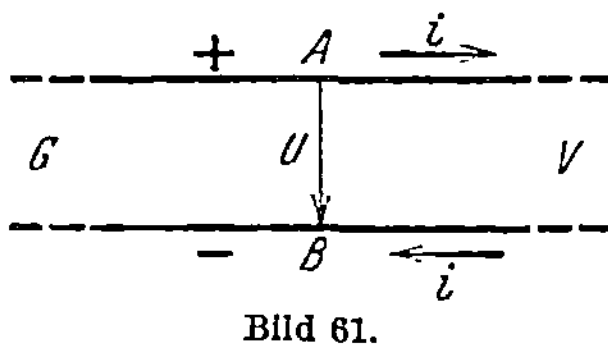

Bild 61.

N_g die von einem Generator abgegebene Leistung,

N_v die von einem Verbraucher aufgenommene Leistung,

N_u die in den Spannungspfaden der zwischen AB gelegten Meßapparate verbrauchte Leistung $(= \sum u^2/R_u)$,

N_i die in den Strompfaden der im Hauptstrom liegenden Meßinstrumente verbrauchte Leistung $(= \sum I^2 R_i)$,

U die abgelesene Spannung zwischen AB,

I der abgelesene Strom in der Hauptstromleitung,

so ist:

$$N_g = N_v + N_u + N_i.$$

Ferner:

Schaltung a) Bild 62a $\quad U I = N_g - N_i,\quad$ folglich
$$N_g = U I + N_i\quad \text{und}$$
$$N_v = U I - N_u;$$

Schaltung b) Bild 62b $\quad U I = N_v + N_i,\quad$ folglich
$$N_g = U I + N_u\quad \text{und}$$
$$N_v = U I - N_i.$$

Man wählt zweckmäßig diejenige Schaltung, in der die Korrektion (N_u oder N_i) möglichst klein oder vernachlässigbar wird.

Bei **Wechselstrom** ist die gemessene Leistung:

$$N = M(u\,i) = U\,I\,\cos\varphi\,.$$

Darin ist:

$\quad U$ der Effektivwert der Spannung,

$\quad I$ der Effektivwert des Stromes,

$\quad \varphi$ die Phasenverschiebung zwischen Spannung und Strom.

Die Pfeile des Bildes 61 geben die Richtungen an, in denen die Augenblickswerte von Spannung bzw. Strom positiv gerechnet sind. Gemessen

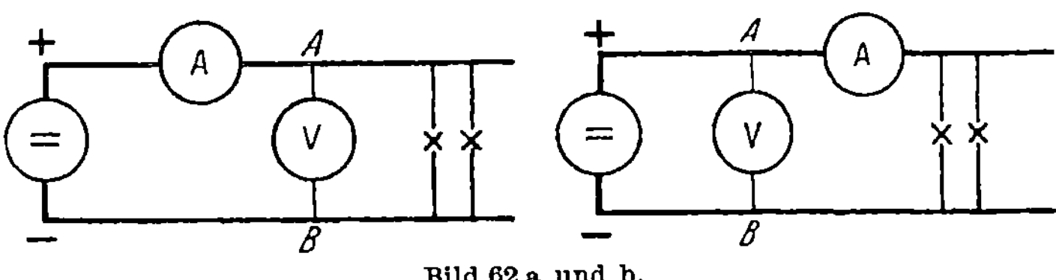

Bild 62a und b.

wird die Leistung durch Leistungsmesser, die einen „Spannungspfad" und einen „Strompfad" besitzen. Der Spannungspfad wird an die Punkte AB geschlossen, der Strompfad vom Arbeitsstrom durchflossen. Nennspannung und Nennstrom, mit denen der Leistungsmesser belastet werden darf, stehen auf dem Leistungsmesser. Die dynamometrischen Leistungsmesser haben eine Skale, die in der Regel die Leistung nicht direkt in Watt abzulesen gestattet, sondern in 150 gleiche Teile geteilt ist. Dann ist zu setzen:

$$N = C \cdot \alpha \text{ Watt.}$$

In der Regel ist der Leistungsmesser so eingerichtet, daß er bei Nennspannung und Nennstrom und bei induktionsloser Last sich auf Teilstrich 150 einstellen soll, folglich ist die Instrumentkonstante

$$C = \frac{\text{Nennspannung} \times \text{Nennstrom}}{150}\,.$$

Soll der Leistungsmesser bei einer höheren Betriebsspannung gebraucht werden, so erhält der Spannungspfad einen Vorwiderstand.

Beispiel: Nennspannung des Leistungsmessers allein 30 Volt,
Widerstand des Spannungspfades 1000 Ω,
Nennstrom 12,5 Amp,

folglich $\qquad\qquad C = 30 \cdot 12{,}5/150 = 2{,}5.$

Soll dieser Leistungsmesser bei 550 Volt gebraucht werden, so bringt man den Widerstand des Spannungspfades auf seinen 20fachen Wert $(20 \cdot 30 = 600 \text{ Volt}, \ 20 \cdot 1000 = 20000 \ \Omega$, d. h. $19000 \ \Omega$ Vorwiderstand). Mit diesem Vorwiderstand wird die Konstante des Leistungsmessers

$$C = 600 \cdot 12{,}5/150 = 50,$$

Bild 63 a u. b zeigt, wie der Vorwiderstand zu schalten ist, wenn man nicht Gefahr laufen will, daß zwischen festem und beweglichem System des

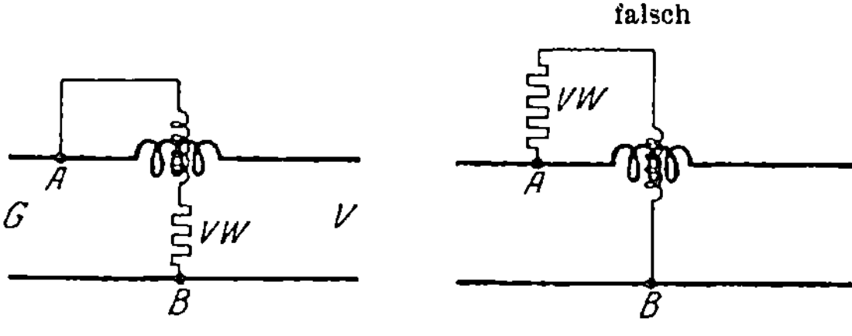

Bild 63 a und b.

Leistungsmessers eine unzulässig hohe Spannung entsteht, die zum Überschlag und Kurzschluß im Instrument führen kann.

Der Strompfad der Leistungsmesser besitzt häufig z w e i Spulen, die hintereinander oder parallel geschaltet werden können (Nennströme im Verhältnis 1:2). Die Schaltung erfolgt entweder durch Stöpsel oder durch Laschen. Es ist darauf zu achten, daß weder die Laschen noch gar die Stöpsel als A u s s c h a l t e r für den Hauptstrom benutzt werden. Dementsprechend verfährt man beim Übergang vom kleineren zum größeren Strommeßbereich folgendermaßen:

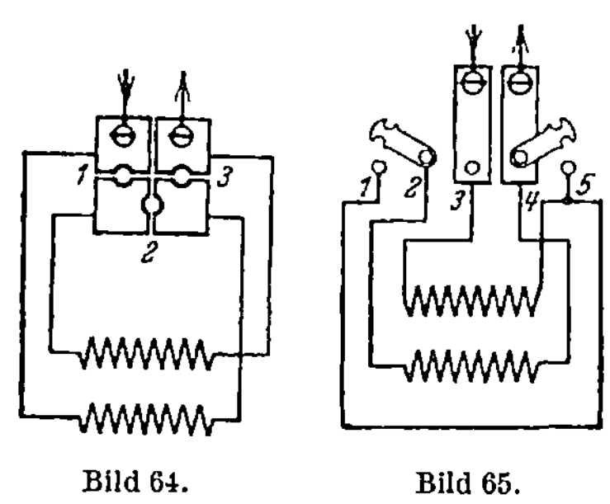

Bild 64.   Bild 65.

Stöpselschaltung (Bild 64): es steckt 2; man steckt 1 dazu, nimmt 2 heraus und steckt 3.

Laschenschaltung (Bild 65): verbunden ist 12, man verbindet 45 und legt dann 21 nach 23 hinüber.

Beim Übergang vom größeren zum kleineren Bereich verfährt man in der umgekehrten Reihenfolge.

Die B e l a s t b a r k e i t eines Leistungsmessers wird ebenso wie diejenige von Maschinen und Transformatoren in VA angegeben. Es darf also — ganz unabhängig von der Leistung — weder die Spannung noch die Stromstärke über den für den geschalteten Meßbereich gültigen Nennwert gesteigert werden. Für den Anfänger ist es wichtig zu beachten, daß b e i P h a s e n v e r s c h i e b u n g zwischen Spannung und Strom in der Regel die S t r o m s t ä r k e n i c h t s o w e i t g e s t e i g e r t w e r d e n darf, daß der Z e i g e r das Ende der Skale erreicht. Würde z. B. bei Vollaststrom und i n d u k t i o n s l o s e r Last der Zeiger auf den Skalenendwert kommen, so würde beim $\cos \varphi = 0{,}3$ der Strompfad des Leistungsmesser schon beim Teilstrich $0{,}3 \times 150 = 45$ vollbelastet sein.

Also: nicht glauben, daß man unter allen Umständen den Zeiger zum Endausschlag bringen kann, ohne das Meßgerät durch Überlastung zu gefährden.

Der Eigenverbrauch der Strom- und Spannungspfade der Meßgeräte ist je nach der Schaltung genau ebenso zu berücksichtigen wie bei Gleichstrommessungen. Es ändert sich nur die Formel für

$$N_u = \frac{U^2\, R_u}{R_u^2 + X_u^2}\,,$$

wo R_u der Wirkwiderstand, X_u der Blindwiderstand des Spannungspfades ist; X_u ist bei Dynamometern meist so klein, daß man es vernachlässigen darf.

Die Strompfade der Meßinstrumente erfordern einen gewissen Spannungsabfall, außerdem wird die Phasenverschiebung zwischen Generatorspannung U_g und Strom von derjenigen zwischen Verbraucherspannung U_v und Strom etwas abweichen. Das Diagramm Bild 66 zeigt die Verteilung der einzelnen Größen. Ist

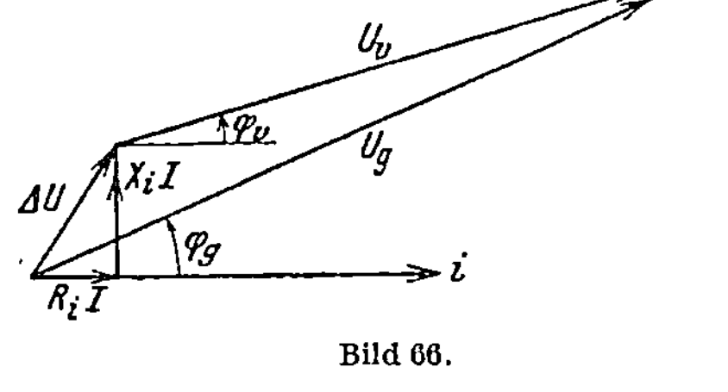

Bild 66.

$$\left.\begin{array}{l} R_i \text{ der Wirkwiderstand} \\ X_i \text{ der Blindwiderstand} \end{array}\right\} \text{ der Strompfade,}$$

so ist mit genügender Annäherung: $U_g = U_v + (R_i \cos\varphi + X_i \sin\varphi)\, I$

wo
$$\varphi \approx \varphi_g \approx \varphi_v$$

ist und $\quad \Delta\varphi = \sphericalangle(U_g I) - \sphericalangle(U_v I) = \frac{I}{U}\,(X_i \cos\varphi - R_i \sin\varphi)\,.$

Die **Leistung eines Drehstromsystems** ohne Nulleiter wird nach der immer richtigen und zuverlässigen Zwei-Leistungsmesser-Methode von Aron ausgeführt Bild 67 a). Die Gesamtleistung N ist gleich der Summe der Angaben der beiden Leistungsmesser N' und N''. Dabei ist aber folgendes zu beachten: der Leistungsmesser N' muß derart geschaltet werden, daß er bei einer einseitigen Belastung allein zwischen Leiter 1 und 3 (UW) einen positiven Ausschlag gibt; entsprechend der Leistungsmesser N'' für eine einseitige Belastung zwischen 2 und 3 (VW).

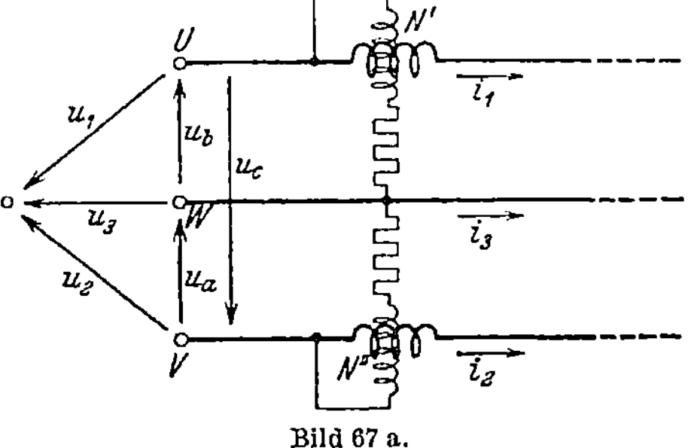

Bild 67 a.

Schlägt nun bei einer beliebigen Belastung einer der Leistungsmesser nach der entgegengesetzten Seite aus, so muß man die Zuführungen zu seinem Strom- oder Spannungspfad miteinander vertauschen, damit ein ablesbarer Ausschlag entsteht; dieser Ausschlag ist aber natürlich in der Summe $N' + N''$ mit dem negativen Zeichen in Rechnung zu setzen. Bild 67b zeigt das Diagramm für die Spannungsverteilung und Bild 68a für eine gleichmäßige induktionslose Last; dabei zeigt der eine Leistungsmesser die Leistung

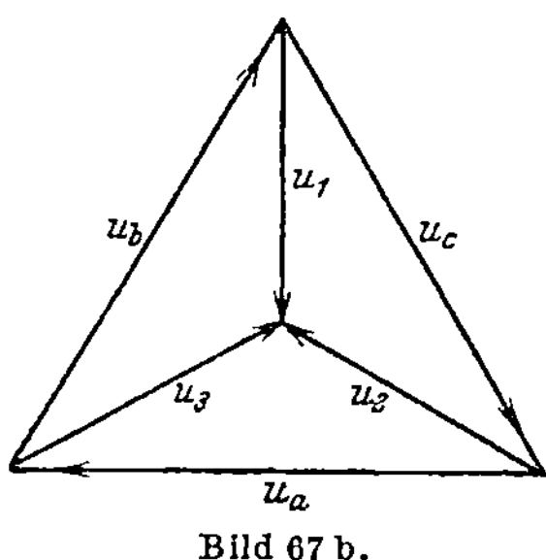

Bild 67 b.

$$N'' = U_a I_2 \cos 30^0,$$

der andere

$$N' = U_b I_1 \cos 30^0$$

an. Folglich ist

$$N' + N'' = U I \sqrt{3}$$

$$(U_a = U_b = U;$$

$$I_1 = I_2 = I)$$

Bild 68b zeigt das Diagramm für eine gleichmäßig verteilte induktive Belastung entsprechend einem $\cos\varphi = \frac{1}{2}$. Die Ströme i_1 und i_2 sind gegen die entsprechenden Lagen in Bild 68a um 60^0 nach rechts gedreht; daher wird:

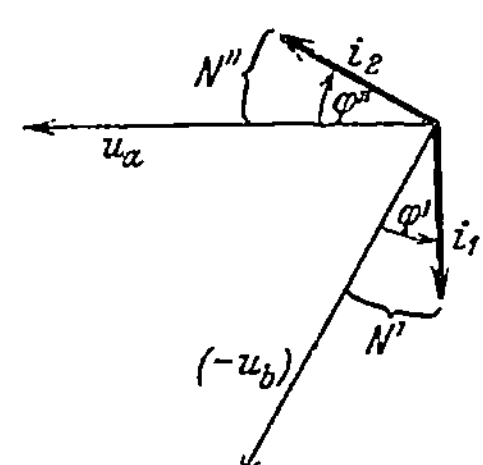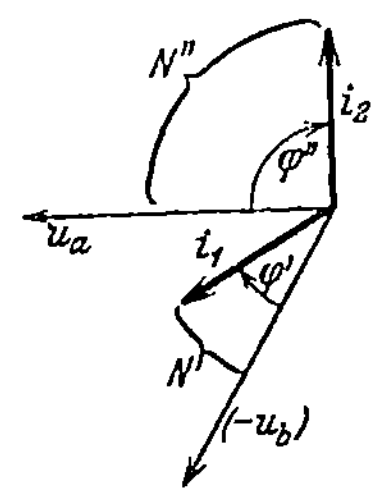

Bild 68 a und b.

$$N'' = U_a I_2 \cos 90^0 = 0$$

$$N' = U_2 I_1 \cos 30^0$$

und

$$N' + N'' = U I \tfrac{1}{2} \sqrt{3}.$$

Eine beliebige Phasenverschiebung φ in der symmetrischen Belastung berechnet man aus:

$$N' = U I \cos (\varphi + 30)^0$$
$$N'' = U I \cos (\varphi - 30)^0$$

folglich

$$N' - N'' = 2 U I \sin \varphi \cdot \sin 30^0$$
$$N' + N'' = 2 U I \cos \varphi \cdot \cos 30^0$$

und

$$\operatorname{tg} \varphi = \sqrt{3} \frac{N' - N''}{N' + N''} .$$

38. Schaltung und Bedienung der Wechselstromgeneratoren.

PN Stationsklemmen,
  S Stationsschalter,
   tsq Feldregler,
    IK Erregerwicklung des Generators,   } (vgl. S. 9.)
  $OUVW$ Klemmen eines Drehstromgenerators, }

Die Schaltung erfolgt nach Bild 69. Der Feldregler des Generators ist anfangs immer auf den größten Widerstand einzustellen (Widerstand ∞). Bei den Feldreglern einiger kleinerer Maschinen fehlt die Klemme q; bei ihnen fällt die Verbindung qK in der Schaltung weg (vgl. S. 66).

a) Einstellung von Frequenz und Spannung.

Die Frequenz f des erzeugten Wechselstromes wird durch die Drehzahl n und die Zahl p der Polpaare des Generators bestimmt aus:

$$f = \frac{p \cdot n}{60}.$$

Im allgemeinen sind die Generatoren des Laboratoriums für die normale Frequenz 50 gebaut. Für diese Frequenz wird $p \cdot n = 3000$. Durch Regelung des Antriebmotors wird die Drehzahl auf den der gewünschten Frequenz entsprechenden Wert eingestellt und während der Versuche konstant gehalten.

Nach Einstellung der Drehzahl wird der Erregerstrom des Genera-

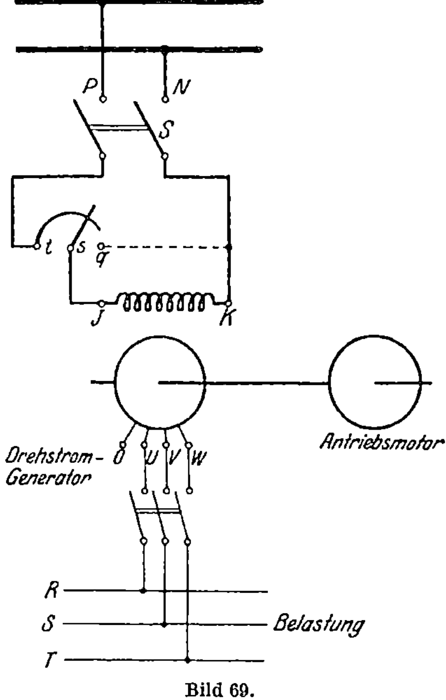

Bild 69.

tors durch den Feldregler eingeschaltet und so weit vergrößert, daß der Generator die für den Versuch erforderliche Wechselspannung liefert. Ist die Spannungsreglung mit dem Feldregler allein zu grob, so schaltet man zur Feineinstellung **parallel** zu $s\,t$ einen größeren Schiebewiderstand und zwar darf dieser Widerstand nicht zu klein eingestellt werden, wenn die Feineinstellung wirksam bleiben soll. Bei der Ausführung von **Kurzschluß**versuchen, bei denen die Maschinenspannung nur einige Volt betragen darf, ist ein größerer Widerstand (Schiebewiderstand) in **Reihe** mit dem Feldregler zu schalten.

Das Generatorfeld wird dadurch abgeschaltet, daß man die Kurbel des Feldreglers auf den Kurzschlußkontakt q schiebt (s. S. 66). Die magnetische Energie in IK wird dann in dem Kurzschlußkreise in Joulesche Wärme umgewandelt. Fehlt der Kontakt q, so muß erst der Feldregler auf den größtmöglichen Widerstand gebracht werden, bevor der Schalter S geöffnet wird. Andernfalls läuft man Gefahr, daß man beim Öffnen eine Überspannung erzeugt, die die Feldwicklung durchschlägt.

b) Klemmenbezeichnungen und Drehsinn der Maschinen.

Die Wechselstrommaschinen des Laboratoriums sind im allgemeinen als Innenpolmaschinen ausgeführt: Die Pole mit Erregerwicklung und Schleifringen zur Stromzuführung befinden sich auf dem Läufer (Polrad); die Wechselspannung wird im Ständer induziert (Anker). Die

Wechselstrommaschinen gliedern sich in Einphasen (E), Zweiphasen (Z) und Drehstrommaschinen (D) (Dreiphasenmaschinen). Es gelten folgende Klemmenbezeichnungen (Bild 70; vgl. auch S. 9):

UV Einphasen-Maschine,
UX, VY Zweiphasen-Maschine,
UX, VY, WZ Drehstrommaschine in offener Schaltung,
$UVWO$ Drehstrommaschine in Sternschaltung,
RST Drehstromnetz.

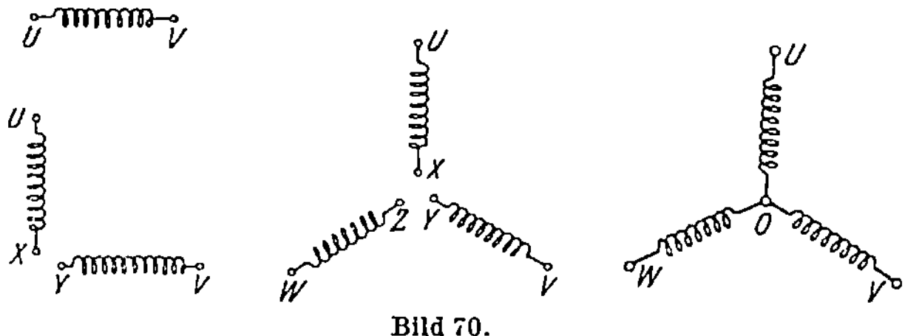

Bild 70.

Die Drehstrommaschinen sind sämtlich in Stern geschaltet. Soll einer Zweiphasen- oder Drehstrommaschine Einphasenwechselstrom entnommen werden, so benutzt man entweder nur eine Phase (UX bzw. UO) oder zwei Phasen in Hintereinanderschaltung z. B. (UV).

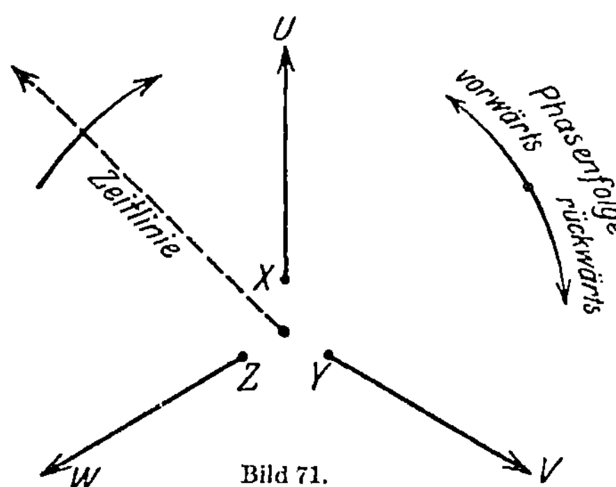

Bild 71.

Bei Drehstrommaschinen hängt die Phasenfolge von dem Drehsinn ab, mit dem die Maschine läuft. Dieser (Rechtslauf im Uhrzeigersinn, Linkslauf entgegen dem Uhrzeigersinn) wird nach den Regeln des VDE. für elektrische Maschinen (§ 76) von der Riemenscheibe bzw. Kupplungsseite aus beurteilt. Als normaler Drehsinn gilt der Rechtslauf. Bei Rechtslauf sind die Klemmen derart zu bezeichnen, daß die Spannung an UX, VY, WZ zeitlich um je 120° verschoben aufeinander folgen (Bild 71). Die zeitliche Phasenfolge der Netzklemmen ist RST. Bei Rechtslauf der Maschinen ist also RST mit UVW, bei Linkslauf mit WVU zu verbinden (zyklische Vertauschung zulässig). Die Drehfeldrichtung kann durch einen Drehfeldrichtungsanzeiger festgestellt werden.

39. Untersuchung eines Einphasen-Wechselstrom-Zählers.

Zubehör (Bild 73):
Wh Wechselstromzähler für 120 Volt, 5 Amp,
V Spannungsmesser für 140 Volt, ⎱ Dreheisen-
A Strommesser für 5 Amp, ⎰ apparate,

     W Leistungsmesser für 120/150 Volt, 5 Amp,

$R_1\,R_2$ Schiebewiderstände von etwa 400 Ohm,

   R' Lampenwiderstand,

$S_1\,S_2$ zwei doppelpolige Schalter,

     eine Stoppuhr.

Bei Zählern für große Leistungen ist es, wenn man ihre Angaben prüfen will, unnötig und zu teuer, diese Leistungen wirklich zu verbrauchen; man pflegt deshalb sog. „künstliche Belastungen" anzuwenden. Dazu trennt man in allen für die Messung zu verwendenden Leistungsmessern und Zählern die Strompfade von den Spannungspfaden. Dann stellt man sich einen Stromkreis her, dessen Spannung mit der Betriebsspannung, für die der Zähler gebaut ist, übereinstimmt und schließt daran die Spannungsmesser und Spannungspfade der Meßinstrumente; diese erfordern nur einen geringen Strom, so daß hierfür nur eine geringe Leistung erforderlich ist. Andererseits schaltet man alle Hauptstrompfade der Meßapparate in Reihe und speist sie von einer zweiten, von der ersten unabhängigen Stromquelle. Die zweite Stromquelle braucht nur eine geringe Spannung zu besitzen, so daß auch für die Speisung der Strompfade nur eine verhältnismäßig geringe Leistung nötig wird.

Zur Herstellung einer solchen künstlichen Belastung für Wechsel- und Drehstromzähler mit beliebigen Phasenverschiebungen zwischen den Stromsystemen beider Maschinen dient ein Maschinensatz, der aus folgenden Maschinen besteht:

     1. ein Nebenschluß-Gleichstrommotor, zum Antrieb von

     2. zwei vierpoligen Drehstrom-Generatoren I und II;

von diesen kann der Stator des Generators II durch Schnecke und Handrad langsam gedreht werden; werden Generator I und II unabhängig voneinander beliebig erregt und belastet, so werden durch die Drehung des Handrades sämtliche Spannungen und Ströme, die Generator II entnommen werden um denselben Winkel der Phase gegen die entsprechenden vom Generator I verschoben, und zwar entsprechen α^0 Drehung des Stators einem Phasenwinkel $2\alpha^0$ (Warum?).

Es wird nach Bild 72 u. 73 geschaltet.

Es werden die Spannungspfade von Zähler, Leistungsmesser und Spannungszeiger parallel an den einen Drehstromgenerator (II), die Strompfade von Zähler, Leistungsmesser und Stromzeiger in Reihe an den anderen Generator (I) angeschlossen. Dabei ist die Maschine I nahezu kurzgeschlossen; es muß daher in ihrem Erregerkreis außer dem vorhandenen Feldregler ein Zusatzwiderstand R (Bild 72) eingeschaltet werden, um die Ströme im Hauptstrompfad des Wechselstromkreises auf den erforderlichen niedrigen Werten halten zu können. Für sehr kleine Wechselstrombelastungen reicht diese Regelung nicht aus; deshalb ist dafür noch ein Lampenwiderstand R' (Bild 73) im Ankerkreis von I vorgesehen.

Die Einregelung auf eine vorgeschriebene Belastung erfolgt folgendermaßen: man bringt den Gleichstrommotor auf die der gewünschten

Frequenz entsprechende Drehzahl (ablesbar am Vibrations-Tacho-meter).

Man schließt Schalter S_2 und steigert vorsichtig die Erregung des Generators II, bis die vorgeschriebene Spannung (Nennspannung) erreicht ist.

Der Generator I ist nahezu kurzgeschlossen; man muß also von der schwächsten Magneterregung, die einstellbar ist, ausgehen. (Schiebe-

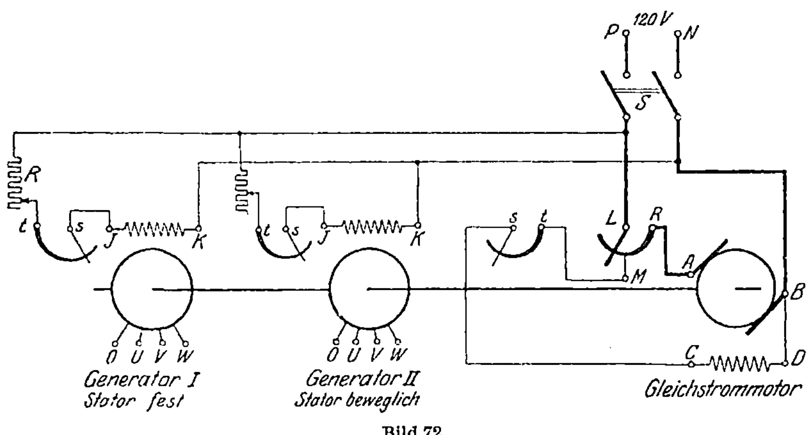

Bild 72.

widerstand und Feldregler ganz einschalten.) Nach Schließen von Schalter S_1 steigert man langsam und vorsichtig die Erregung, bis die gewünschte Belastungsstromstärke I erreicht ist. Zur Einreglung kleiner Stromstärken wird der Kurzschlußschalter von R' geöffnet und bei stärkerer Erregung der Maschine außer mit dem Feldregler nötigenfalls mit R' geregelt.

Schlägt der Leistungszeiger W nach der verkehrten Richtung aus, so muß man entweder an seinen Spannungs- oder Hauptstromklemmen die Zuführungsdrähte miteinander vertauschen; dasselbe ist am Zähler zu tun, wenn die Zählerscheibe rückwärts laufen sollte.

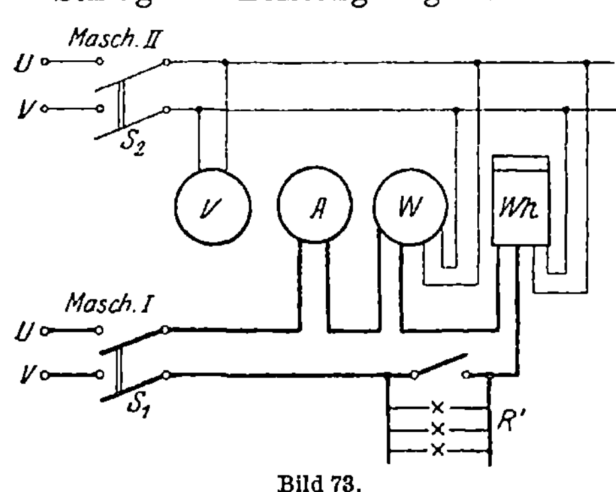

Bild 73.

Nunmehr dreht man das Handrad am Generator II, bis Leistungszeiger W eine Leistung anzeigt, die der gewünschten Phasenverschiebung zwischen Spannung und Strom entspricht $(N = U \cdot I \cdot \cos \varphi)$.

Dabei ist zu beachten, daß eine Drehung des Stators II in der Drehrichtung des Ankers einem Vorwärtsschieben der Phase von I gegen U entspricht.

Es sind Versuche bei folgenden Belastungen vorzunehmen:

	U		I		cos φ	Phasenverschiebung	Frequenz
1.	120 Volt	1	Amp		1	—	
2.	120	,,	3	,,	1	—	
3.	120	,,	5	,,	1	—	
4.	120	,,	5	,,	0,6	induktiv	
5.	120	,,	5	,,	0,2	induktiv	50 Hz
6.	120	,,	5	,,	0,2	kapazitiv	
7.	100	,,	5	,,	1	—	
8.	140	,,	5	,,	1	—	
9.	120	,,	5	,,	0,2	induktiv	40 Hz
10.	120	,,	5	,,	0,2	induktiv	60 Hz

Bei jeder Belastung wird mit der Stoppuhr die Zeit t in Sek. möglichst genau gemessen, in der die Zählerscheibe z volle Umdrehungen ausführt. t wählt man mindestens $3 \cdot 60 = 180$ Sekunden. In dieser Zeit darf sich die Einstellung von W nicht ändern. Dann ist der der betreffenden Belastung entsprechende prozentische Fehler des Zählers (s. S. 46):

$$p = \left(\frac{z}{Nt} \cdot \frac{3{,}6 \cdot 10^6}{a} - 1 \right) \cdot 100\% \,.$$

Darin bedeutet:

N die gemessene Leistung in Watt,

z die gemessene Zahl der Umdrehungen der Zählerscheibe in t Sekunden,

a die Zahl der Umdrehungen der Zählerscheibe, die das Zählwerk des Zählers um 1 kWh vorwärts schiebt (nach Angabe auf dem Zifferblatt des Zählers).

Die Ergebnisse sind übersichtlich in einer Tabelle darzustellen.

40. Untersuchung eines Drehstromzählers.

Zubehör:

Wh Drehstromzähler für 3×120 Volt, 5 Amp,

V Spannungsmesser für 120 Volt,

U Umschalter für den Spannungsmesser zur Messung der drei Spannungen der Drehstrommaschine,

$A_1 A_2 A_3$ drei Strommesser für je 5 Amp,

$W' W''$ zwei Leistungsmesser für je 120 Volt, 5 Amp,

R Belastungswiderstand für Drehstrom (mit $3 \cdot 3$ Kurbeln),

$S_1 S_2$ zwei dreipolige Hebelschalter,

eine Stoppuhr.

Die Versuche werden mit dem Maschinensatz, der in Aufg. 39 beschrieben ist, ausgeführt.

Schaltung nach Bild 74.

Das Wichtigste an dieser Aufgabe ist das Studium der Zusammensetzung der Drehstromleistung aus den beiden Leistungsmesserangaben N' und N'' (vgl. Bild 68 a u. b).

Dieser Zusammenhang ist für symmetrische Last aus Bild 75 ersichtlich. Als Abszisse ist die Phasenverschiebung des symmetrisch belasteten Drehstromsystems eingezeichnet, die Ordinaten stellen die zu

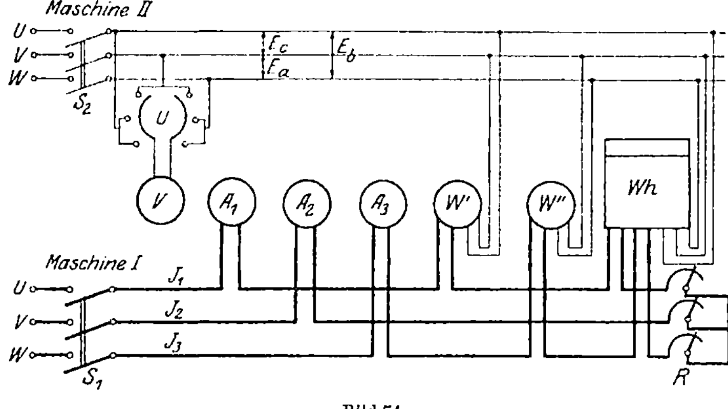

Bild 74.

gehörigen Ausschläge α_1 und α_2 der beiden Leistungsmesser dar sowie die Summe $\alpha_1 + \alpha_2$, die der Gesamtleistung des Drehstromsystems entspricht. Der maximale Leistungsmesser-Ausschlag ist im Bilde gleich 100 gesetzt.

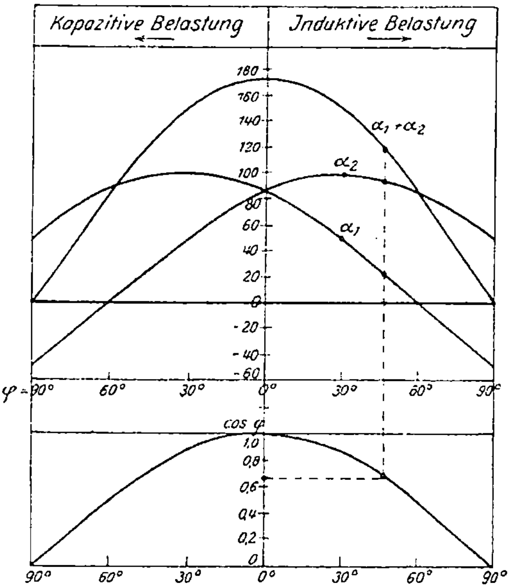

Die untere Kurve gibt den Zusammenhang zwischen φ und $\cos \varphi$ an.

Zunächst ist die Richtigkeit der Schaltung zu prüfen; selbst wenn alle Klemmen an die richtigen Phasen angeschlossen sind, kann es noch notwendig werden, einzelne Stromrichtungen in den Meßapparaten umzudrehen. Um dies festzustellen, regelt man zunächst die Frequenz auf ihren vorgeschriebenen Wert; schließt S_2 und erregt die Drehstrommaschine II so stark, daß V 120 Volt anzeigt. Durch Umlegen des Umschalters U in die beiden anderen Lagen überzeugt man sich, daß die

Bild 75.

drei Spannungen der Maschine praktisch einander gleich sind.

Im Widerstand R schaltet man in jeder Phase die drei Zehnerkurbeln ganz aus, die Einer- und Zehntelkurbeln ganz ein, schließt S_1 und regelt teils mit der Erregung der Maschine I, teils mit dem Widerstand R

in den Einern und Zehnteln so lange, bis alle drei Strommesser genau
5 Amp zeigen.

Schlagen bei dieser Belastung die Zeiger von N' oder N'' in verkehrter
Richtung aus, so bringt man zunächst durch Vertauschen der Strom-
leitungen positive Ausschläge hervor. Zeigt es sich nun, daß bei Drehung
des Handrades für die Phasenregelung die Leistungsmesser nicht diejenigen Ausschläge machen, die man nach Angabe des Bildes erwarten
sollte, so vertauscht man wiederum an einem der Leistungsmesser die
Zuleitungen zu den Hauptstromklemmen miteinander und dreht das
Handrad des Generators II so lange, bis wiederum beide Leistungsmesser einen positiven Ausschlag zeigen. Diese müssen, wenn keine
sonstigen Schaltungsfehler vorliegen, beim Drehen des Phasenrades sich
entsprechend Bild 75 verändern.

Man stellt entsprechend der induktionsfreien Höchstlast N' und N''
auf denselben Wert $= 0,866 \cdot 120 \cdot 5$ Watt ein und beobachtet den
Zähler. Läuft dieser mit maximaler Geschwindigkeit rückwärts, so muß
die Stromrichtung in beiden Stromspulen des Zählers umgedreht
werden; steht er annähernd still, so ist nur in einer der Hauptspulen
die Stromrichtung umzudrehen.

Nach diesen Vorbereitungen sind Messungen bei folgenden Belastungen vorzunehmen:

U	I	$\cos \varphi$	
$3 \cdot 120$ Volt	$3 \cdot 5$ Amp	1	
$3 \cdot 120$ Volt	$3 \cdot 5$ Amp	0,87	Phasenverschiebung
$3 \cdot 120$ Volt	$3 \cdot 5$ Amp	0,5	induktiv
$3 \cdot 120$ Volt	$3 \cdot 5$ Amp	0,2	

Bei der Einstellung der letzten Belastung wird der Ausschlag in
einem der Leistungsmesser, z. B. N', negativ. Man hat daher nochmals
den Strom im Spannungspfad an diesem Leistungszeiger umzudrehen,
so daß danach ein positiver Ausschlag entsteht, dagegen ist die von ihm
angezeigte Leistung negativ in Rechnung zu setzen.

Die Gesamtleistung des Drehstromsystems, die gemessen werden soll,
beträgt für die ersten drei der oben angegebenen Belastungen

$$N = N' + N'' \text{ Watt,}$$

für die letzte dagegen

$$N = N'' - N' \text{ Watt.}$$

Der Fehler des Zählers wird für jede dieser Belastungen aus derselben
Formel, wie beim Einphasenzähler berechnet:

$$p = \left(\frac{z}{Nt} \cdot \frac{3,6 \cdot 10^6}{a} - 1 \right) 100\% \ .$$

Darin bedeutet:

N die Gesamtleistung in der künstlichen Drehstrombelastung,

z die gemessene Zahl der Umdrehungen der Zählerscheibe in
t Sekunden (t etwa 200 Sekunden),

a die Zahl der Umdrehungen der Zählerscheibe, die das Zählwerk
des Zählers um 1 kWh vorwärts schiebt. (Ist auf dem Zifferblatt angegeben.)

Der Zähler besitzt neben dem normalen Zählwerk eine Einrichtung zur Messung des sog. Höchstverbrauches: ein zweites Zählwerk wird in periodischen Zeitabschnitten (etwa alle 15 Minuten) mit der Achse der Zählerscheibe gekuppelt und schiebt in dieser Zeit einen Zeiger vorwärts, dessen Einstellung an dem Zifferblatt abgelesen werden kann. Am Ende dieser Zeitperiode bleibt der Zeiger in seiner Endlage stehen, während das antreibende Räderwerk von der Zählerachse entkuppelt wird und in seine Anfangslage zurückschnellt. Der Zeiger des „Höchstverbrauchtriebwerks" bleibt mit einem Endausschlag α stehen, der der mittleren Leistung in der betreffenden Zeitperiode proportional ist. N/α gibt ihren Wert für einen Teilstrich des Höchstverbrauchzifferblattes.

Den Zeiger bringt man in seine Nullstellung, indem man ihn durch das kleine Loch in der Deckscheibe mittels eines schmalen Schraubenziehers zurückführt. Zur Feststellung von N/α belastet man am einfachsten den Zähler mit der Vollast N während einer vollen Mitnehmerperiode des Höchstverbrauchzählwerks.

Das Uhrwerk für die periodische Einschaltung des Höchstverbrauchtriebwerkes ist oberhalb des eigentlichen Zählers in demselben Gehäuse untergebracht. Das Uhrwerk besitzt einen elektrischen Aufzug (Aluminiumscheibe), der in Tätigkeit versetzt wird, sobald Spannung an die Spannungsklemmen des Zählers gelegt wird.

41. Untersuchung einer eisenfreien Drosselspule.

Zu verwendende Instrumente und Apparate:

L eine Spule mit zwei bifilar liegenden Wicklungen,

R_1 Schiebewiderstand 370 Ohm 5 Amp für Generatorerregung,

VW Vorwiderstand 1000 … 9000 Ohm für Leistungsmesser,

für Versuchsreihe a)

V Spannungszeiger (dynamometr.) für 75/150 Volt,

A Stromzeiger (Dreheisen) für 20 Amp,

W Leistungszeiger für 30 Volt 12,5/25 Amp,

für Versuchsreihe b)

V Spannungszeiger (dynamometr.) für 75/150 Volt,

A Stromzeiger (Dreheisen) für 2,5 Amp,

W Leistungszeiger für 30 Volt 2,5 Amp,

R_2 Regelwiderstand für starke Ströme,

für Versuchsreihe c)

V_1 Spannungszeiger (dynamometr.) für 150/300 Volt,

V_2 „   „   für   75/150 Volt,

V_3 „   „   für 150/300 Volt,

A Stromzeiger (Dreheisen) für 2,5 Amp,

W Leistungszeiger für 30 Volt 2,5 Amp,

C Kondensatoren $\approx 30\ \mu F$,

D regelbare Eisendrossel für 110 Volt.

Die in dieser Aufgabe verwendete Spule L besteht aus zwei gleichzeitig nebeneinander aufgewickelten Drähten von 2,5 mm Durchmesser. Sie hat also zwei Wicklungen $A_1\,E_1$ und $A_2\,E_2$ von gleichen Abmessungen und Windungszahlen. Mit Strömen über 10 Amp darf die Spule nur kurzzeitig belastet werden, damit sie sich nicht zu stark erwärmt.

Wie schon die Auswahl der Meßinstrumente zeigt, ist bei dieser Aufgabe auf sorgfältige Messungen besonderer Wert zu legen. Die dynamometrischen Instrumente sind so aufzustellen, daß keine äußeren Felder stören können. Etwa mitgemessener Eigenverbrauch der Instrumente ist in jedem Falle zu berücksichtigen (s. Nr. 37).

a) Wicklungen gegeneinander geschaltet (Bild 76).

Bei dieser Schaltung fließen in je zwei benachbarten Leitungen entgegengesetzte Ströme; das magnetische Feld der Spule ist daher praktisch null, sie verhält sich wie ein Ohmscher Widerstand. Es muß also sein $U/I = R$ und $U \cdot I = N$.

Die Wechselstrommaschine wird auf die der Frequenz 50 Hz entsprechende Drehzahl gebracht und auf dieser konstant gehalten. Man beginnt mit möglichst schwacher Erregung (etwa auf 15 Volt Wechselspannung) und steigert dann die Spannung stufenweise bis auf 60 Volt. Bei jeder Stufe werden Spannung, Strom und Leistung abgelesen entsprechend den Stellungen 1, 2 und 3 des Umschalters. Von der Angabe des Leistungsmessers ist der Eigenverbrauch in seinem Spannungspfad abzuziehen (vgl. S. 79).

$U \cdot I$ muß praktisch gleich der gemessenen Leistung N sein, $U/I \approx$ const. gleich dem Ohmschen Widerstand R der Spule; dieser ändert sich nur etwas infolge der Erwärmung. Es sind I, $N = U \cdot I$ und U/I als Funktionen von U aufzutragen.

Bild 76.

b) Wicklungen hintereinandergeschaltet (Bild 77a).

Alle Drähte sind von gleichgerichteten Strömen durchflossen; daher entsteht im Innern der Spule ein magnetisches Feld, das eine induktive Wirkung hat. Die Gesamtspannung U (Bild 77a u. b) wird in die beiden Komponenten Wirkspannung $= R \cdot I$ und Blindspannung $= X \cdot I$ zerlegt. $Z = U/I$ heißt der Scheinwiderstand. Man findet

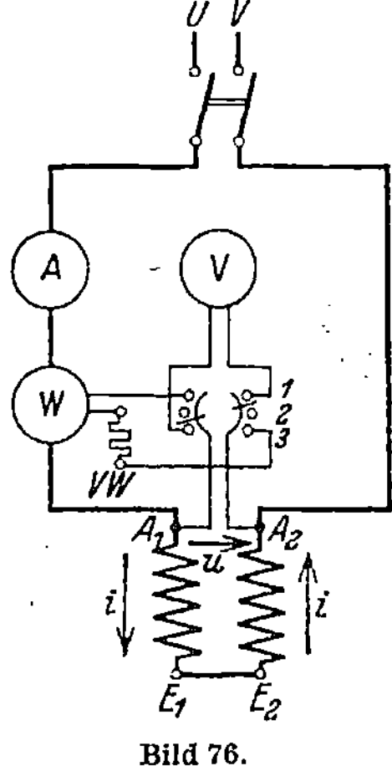
Bild 77 a und b.

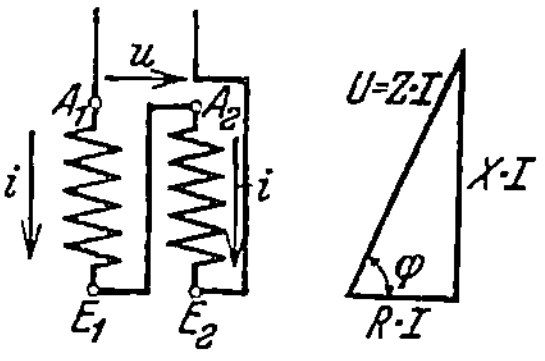

den Wirkwiderstand aus $\quad R = \dfrac{N}{I^2}$

den Blindwiderstand aus $\quad X = \omega L = \sqrt{Z^2 - R^2}$

den Leistungsfaktor aus $\cos \varphi = \dfrac{N}{U\,I}$.

Es wird wie unter a) eine Meßreihe bei konstanter Frequenz und veränderlicher Spannung aufgenommen; diese wird aber bis 150 Volt gesteigert. Ferner wird eine Meßreihe aufgenommen bei konstanter Erregerstromstärke der Wechselstrommaschine und veränderlicher Frequenz (20 . . . 60 Hz); auch hierbei soll die höchste Spannung 150 Volt betragen. Man regelt die Frequenz durch einen besonderen Widerstand im Ankerkreis des Antriebsmotors.

Für beide Meßreihen werden I, N, Z, X, R und $\cos \varphi$ als Funktionen der jeweils unabhängigen Variablen aufgetragen. Warum kommt bei der Meßreihe 2b) der Strom I praktisch konstant heraus?

c) Die Spule als Bild einer Leitung.

Reihenschaltung mit Stromverbrauchern (Bild 78).

Die Spule $A_1 E_1$ wird als Ersatz einer Fernleitung angesehen; diese wird mit verschiedenartigen Stromverbrauchern (Widerstand, Induk-

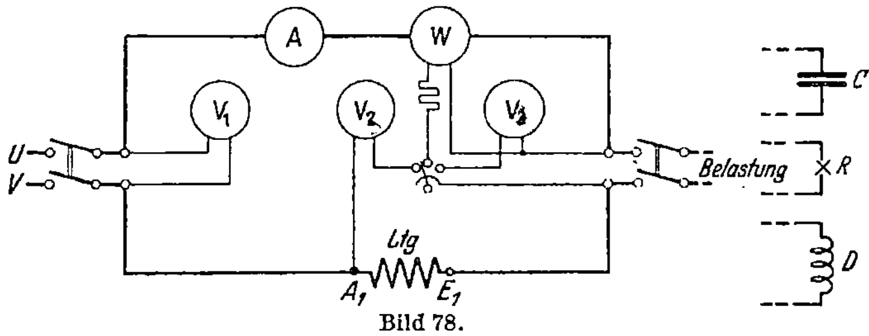

Bild 78.

tivität, Kapazität) belastet. Der Belastungsstrom wird immer auf dem gleichen Wert gehalten, so daß der Spannungsabfall an der Spule $A_1 E_1$ immer nach Größe und Phase der gleiche ist. Dagegen setzt sich die Spannung an der Belastung je nach der Art der Belastung unter verschiedenem Phasenwinkel daran. Bei konstanter Generatorspannung U_1 ändert sich daher die Klemmspannung U_2 am Verbraucher stark mit der Phasenverschiebung.

Nimmt man in Bild 79 den Strom in waagerechter Richtung an, so kann man aus den unter b) gemessenen Werten den Spannungsabfall an der Spule $\mathfrak{U}_L$ gleichfalls fest eintragen (R und L für eine Spule $A_1 E_1$!). Mit dieser Spulenspannung $\mathfrak{U}_L$ muß sich die Spannung am Verbraucher $\mathfrak{U}_2$ zur Gesamtspannung $\mathfrak{U}_1$ zusammensetzen; $\mathfrak{U}_2$ geht also vom Punkt B bis zu dem Kreise, der mit dem Radius U_1

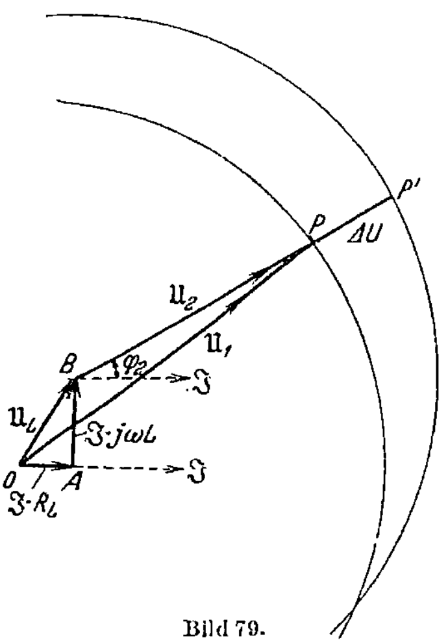

Bild 79.

um den Punkt 0 geschlagen ist. Der Winkel φ_2 zwischen $\mathfrak{U}_2$ und der Waagerechten ist dabei die Phasenverschiebung am Verbraucher; man sieht, daß sich $\mathfrak{U}_2$ in Abhängigkeit von φ_2 stark ändert (s. auch Bild 66).

Für die unbelastete Leitung wäre $U_1 = U_2$; schlägt man also um B auch einen Kreis mit dem Radius U_1, so gibt die Strecke $P\,P'$ zwischen den Kreisen die Spannungsänderung $\varDelta U_2$ an (Kappsches Kreisdiagramm). Zur Aufnahme des Kappdiagrammes werden $U_1 = 180$ Volt und I konstant gehalten und bei den Belastungen mit Kapazität, Widerstand und Induktivität U_2, U_3 und N abgelesen. Um Störungen durch den Eigenverbrauch der Instrumente möglichst auszuschließen, werden die Meßinstrumente für U_2, U_3 und N mittels Umschalters nacheinander eingeschaltet; der Eigenverbrauch des Spannungspfades im Leistungsmesser muß berücksichtigt werden. Zu beachten ist, daß die Vorwiderstände der jeweiligen Spannung genau angepaßt werden. Die Belastung ist etwa auf folgende Werte einzustellen:

1. $\approx 30\,\mu F$ (rein kapazitiv)
2. $\approx 25\,\mu F +$ Lampen
3. $\approx 10\,\mu F +$ Lampen
4. Lampen   (reine Wirklast)
5. 1,2 Amp Blindstrom einer Eisendrossel $+$ Lampen,
6. 1,8 Amp Blindstrom einer Eisendrossel $+$ Lampen,
7. Eisendrossel allein (annähernd rein induktiv).

Im Versuch 1 ergibt sich ein bestimmter Stromwert, der in den folgenden Versuchen beibehalten wird; dementsprechend ist die Zahl der Lampen zu wählen.

Die Versuchspunkte sind in das Kreisdiagramm einzutragen. Außerdem ist die Spannungsänderung $\varDelta U_2$ in Abhängigkeit vom Phasenwinkel φ_2 darzustellen. Ferner ist die äquivalente Länge einer Freileitung zu errechnen, die den gleichen induktiven Spannungsabfall wie die Spule $A_1 E_1$ haben würde. Die Induktivität einer Freileitungsschleife beträgt $L_0 = \dfrac{1}{10}\,(1 + 4\ln d/a)$ mHy/km. Darin bedeuten d den Leiterabstand und a den Drahtradius. Es ist mit einer Freileitung von 1 m Leiterabstand und 35 mm² Querschnitt zu rechnen.

42. Schaltungen und Messungen an Drehstromsystemen.

Zubehör:

V_1, V_2 Spannungsmesser für 130 Volt,
  VW Vorwiderstand dazu für 260 Volt,
T_1, T_2 Transformatoren für 220/110 Volt
   R Widerstand 380 Ohm 3 Amp.

1. Schaltungen.

a) Schalten eines Generators.

Der zu dem Versuch verwendete Generator trägt drei Wicklungen, die um 120° elektr. gegeneinander versetzt sind und keine leitende Verbindung untereinander haben. Die Klemmenbezeichnungen zeigt Bild 80, ebenso die Verbindung der Maschinen- mit den Tischklemmen. Die Pfeile im Bilde geben an, in welcher Richtung die induzierten EMKe positiv gerechnet werden sollen; man kann dann die Spannungen im Vektordiagramm darstellen. Die **R i c h t u n g** der Vektoren ist damit festgelegt. Ihre **L ä n g e**, gleich der Höhe der induzierten EMK, ist von der Stärke des Erregerstromes abhängig und durch dessen Veränderung einstellbar.

Die Maschine ist auf Nenndrehzahl zu bringen und so zu erregen, daß die Spannung in einer Wicklung 110 Volt beträgt; zur Messung dient ein Spannungsmesser mit Anlegespitzen.

Will man der Maschine **v e r k e t t e t e n** Dreiphasenstrom (Drehstrom) entnehmen, so kann man die Wicklungen in verschiedener Weise verbinden. In Bild 81a ist die sog. Dreieckschaltung dargestellt; das zugehörige Vektordiagramm 81b zeigt, daß innerhalb der Wicklungen die Spannungen sich aufheben, man kann also das Dreieck schließen, ohne daß Ströme in der Maschine auftreten.

Das gilt aber nur, wenn die Spannungen sinusartig sind. Enthalten sie Oberschwingungen der Ordnungszahlen 3, 9 usw., so summieren sich die Teilspannungen mit diesen Ordnungszahlen und würden in der in sich geschlossenen Dreieckswicklung Ströme erzeugen und damit Verluste in der Maschine. Dies ist der Grund, weswegen **G e n e r a t o r e n** in der Regel nicht in Dreieck geschaltet werden.

Bild 80.

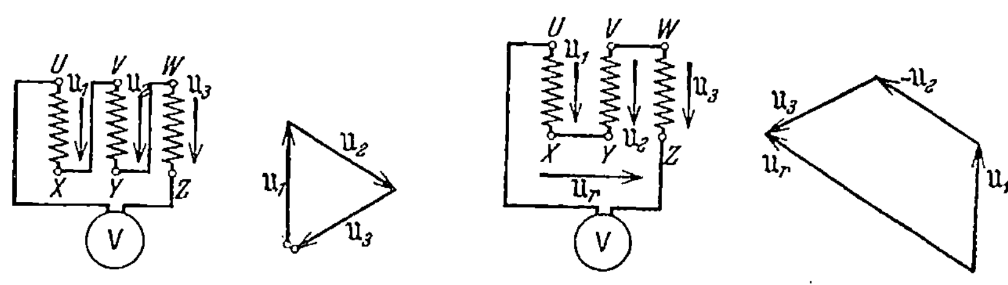

Bild 81 a u. b.   Bild 81 c u. d.

Schaltet man die Wicklungen nach Bild 81c, so erhält man zwischen den Klemmen U und Z eine Wechselspannung U_r, wie das Vektordiagramm 81d zeigt; ihre Größe ist aus dem Diagramm zu ermitteln

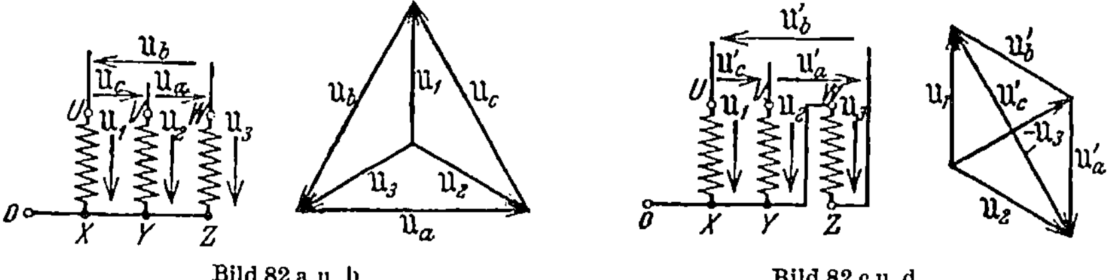

Bild 82 a u. b.   Bild 82 c u. d.

und mit dem gemessenen Wert zu vergleichen. Jetzt darf man die Klemmen U und Z natürlich nicht verbinden!

Am üblichsten ist die Verkettung in der **S t e r n s c h a l t u n g** nach Bild 82a. Das Vektordiagramm 82b zeigt, daß man dann zwischen den

Klemmen U, V, W die „verketteten" Spannungen U_a, U_b, U_c erhält, die in einem bestimmten Verhältnis größer sind als die „Phasenspannungen" U_1, U_2, U_3. Dies Verhältnis ist aus dem Diagramm zu ermitteln und durch Messung zu bestätigen.

Schließt man wieder eine Wicklung im umgekehrten Sinne an, entsprechend Bild 82c, so erhält man zwischen den Klemmen Spannungen, wie Bild 82d sie zeigt. Auch dieses Diagramm ist maßstäblich zu zeichnen und mit den gemessenen Werten zu vergleichen.

<h3 align="center">b) Schaltung eines Transformators.</h3>

Zu dem Versuch stehen zwei gleiche Transformatoren, Fabrikat Koch und Sterzel, zur Verfügung. Jeder hat auf jedem der drei Schenkel vier Wicklungsabschnitte, je zwei für die Ober- und die Unterspannungswicklung. Alle Wicklungsenden sind zu seitlich angebrachten Steckbuchsen geführt, wie Bild 83 für die Oberspannungswicklung veranschaulicht.

Die Enden sind nach den Normen des VDE bezeichnet (vgl. RET 1930): Die Oberspannungsseite mit großen, die Unterspannungsseite mit kleinen Buchstaben, die Wicklungsanfänge mit

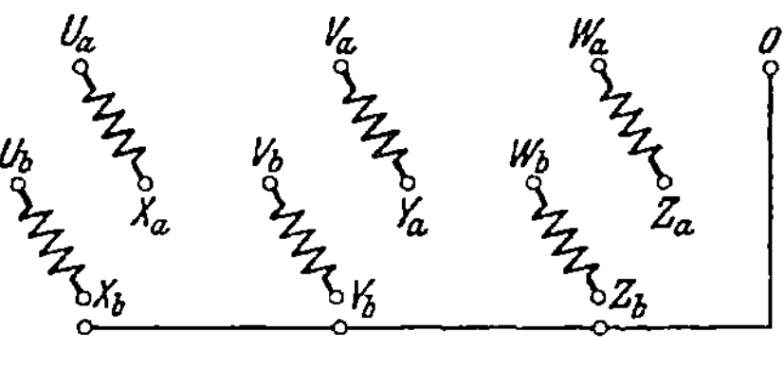

Bild 83.

den Buchstaben U, V, W, die Enden mit X, Y, Z; die Halbwicklungen sind durch die Indexe a und b unterschieden (s. S. 9).

Da man einen Transformator meistens an ein Netz mit fester Spannung anschließt, ist durch das Verhältnis der Windungszahlen auch die Sekundärspannung nach Größe und Phase festgelegt. Durch Aufteilen der Wicklung in umschaltbare Abschnitte kann man eine gewisse, stufenweise Regelbarkeit der Spannung erzielen im Gegensatz zur stetig regelbaren Spannung eines Generators. Bei den untersuchten Transformatoren ist jede Halbwicklung der Oberspannungsseite so bemessen, daß man an ihre Klemmen die Spannung $110/\sqrt{3}$ Volt

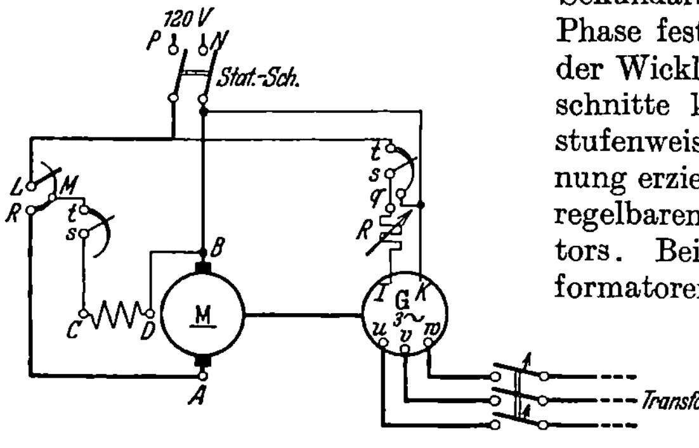

Bild 84.

zu legen hat, wenn im Eisen der normale Fluß herrschen soll.

α) Die für die Versuche notwendige Maschinenschaltung ist in Bild 84 dargestellt. Man schalte ferner im Transformator beide Oberspannungs-Halbwicklungen jedes Schenkels hintereinander und die drei Gesamtwicklungen in Stern, so ist also an den Transformator eine verkettete Spannung von 220 Volt zu legen. Auf diese Spannung ist der den Transformator speisende Generator zu erregen, dann sind die an den offenen

Sekundärklemmen des Transformators auftretenden Spannungen zu messen.

Es werden auf der Sekundärseite von den verschiedenen, vom VDE festgelegten Schaltungen A_2, C_2, D_3 hergestellt (Bild 85, vgl. RET 1930). Hierbei wird zur Stern- und Dreieckschaltung nur eine Halbwicklung jedes Schenkels benutzt. Man zeichne zu jeder Schaltung das Vektordiagramm und greife daraus die zu erwartenden Spannungen ab; die

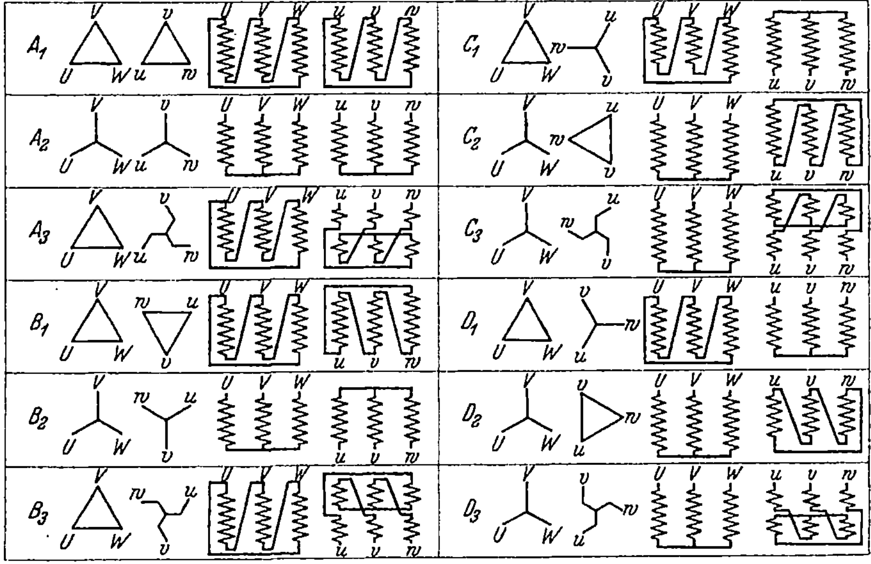

Bild 85.

gemessenen Werte sind damit zu vergleichen! Die Zickzackschaltung wird benutzt, um bei einphasigen Belastungen die Belastung auf mehrere Eisenkerne zu verteilen.

β) Es wird die Primärwicklung des Transformators in **Dreieck** umgeschaltet. Die Spannung des Generators ist auf einen solchen Wert herunterzuregeln, daß an der Gesamtwicklung eines Schenkels nur die zulässige Spannung $220/\sqrt{3}$ Volt liegt. Sekundär werden die gleichen Schaltungen ausgeführt wie unter a) und ebenso ausgewertet.

c) Parallelschaltung von Transformatoren.

Damit man Transformatoren ober- und unterspannungsseitig parallelschalten kann, müssen beide das gleiche Übersetzungsverhältnis haben. Außerdem muß aber die **Phasenlage** der Spannungen im Vektordiagramm bei beiden übereinstimmen. Diese hängt von der Art der Schaltung ab; deshalb hat der VDE die verschiedenen Schaltmöglichkeiten zu Gruppen zusammengefaßt (Bild 85, vgl. RET 1930), innerhalb deren Parallelschaltung möglich ist. Beim Versuch sind folgende Schaltungen auszuführen:

<table>
<tr><td>Transformator I</td><td>Transformator II</td></tr>
<tr><td>Schaltung C_3</td><td>Schaltung C_1</td></tr>
<tr><td>,, A_3</td><td>,, C_1</td></tr>
<tr><td>,, A_3</td><td>,, A_2</td></tr>
<tr><td>,, A_2</td><td>,, A_2</td></tr>
</table>

Hierbei sind auf der Oberspannungsseite stets beide Halbwicklungen eines Schenkels in Reihe zu schalten. Unterspannungsseitig ist immer nur eine Halbwicklung je Schenkel zu benutzen, nur für die Zickzackschaltung sind beide notwendig. Die Generatorspannung ist wie unter b so einzustellen, daß an keiner Oberspannungswicklung der zulässige Wert überschritten wird. Ist also der eine Transformator in Stern geschaltet, der andere in Dreieck, so darf nur dieser mit dem Nennfluß betrieben werden.

Die Sekundärwicklungen beider Transformatoren werden im Sternpunkt verbunden. Zwischen den Sekundärklemmen des einen und des anderen Transformators werden die Spannungen gemessen und für jede Schaltung in ein gemeinsames Vektordiagramm eingetragen. Ergibt sich zwischen entsprechenden Klemmen keine Spannung, so kann man die Transformatoren auch unterspannungsseitig parallel schalten. Bei welchen Schaltungen ist Parallelschaltung möglich?

2. Belastung in Stern.

Schaltung nach Bild 86.

Ein Generator werde so stark erregt, daß seine verkettete Spannung $110\,\sqrt{3} \approx 190$ Volt beträgt. Er kann durch die einpoligen Schalter S_0, S_1, S_2, S_3 in Stern mit Lampen belastet werden.

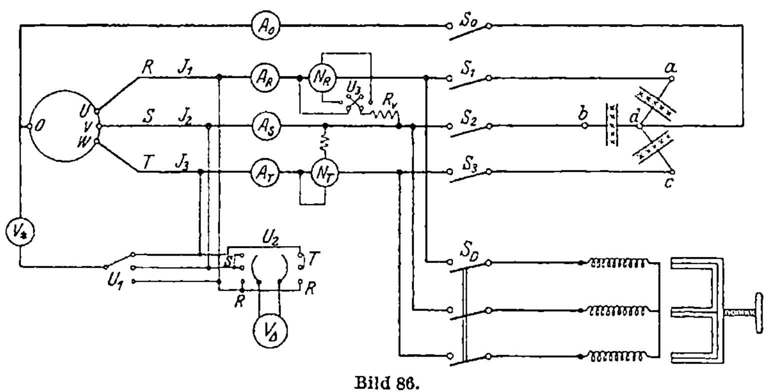

Bild 86.

a) Gleichmäßige Last ohne Nulleiter.

Man schließt S_1, S_2, S_3 und schraubt nacheinander im Kreise je eine Lampe des Sternschaltungswiderstandes ein, bis A_R, A_S, A_T nahezu die gleiche Stromstärke, und zwar 8 Amp anzeigen. Warum darf man nicht zuerst alle Lampen eines Zweiges und danach die der anderen Zweige

Lampe für Lampe einschalten? Gemessen wird die Sternspannung an den Widerständen, die Stromstärke in jedem Zweig und die Leistung (in Aronscher Schaltung s. S. 79). Mittelt man die Spannungen U_* und die Stromstärken, so muß

$$N \approx 3\, U_* I \quad \text{sein.}$$

Hat man gut symmetrisch eingeregelt, so kann das Schließen von S_0 keine merkbare Änderung des Resultates bringen. A_0 darf bei sinusartiger Kurvenform keinen Strom anzeigen.

b) Einseitige Belastung.

Schließt man bei einer Belastungseinstellung mit derselben Lampenzahl wie in a) die Schalter S_0, S_1, S_2 oder S_0, S_1, S_3, so dürfen sich die Anzeigen der Strommesser (abgesehen von dem ausgeschalteten Zweig nicht ändern), aber die Leistungsmesser ergeben andere Ausschläge, so daß ihre Summe

$$N = 2\, U_* I$$

wird. Wie ist dieses Ergebnis zu erklären?

c) Schiefe Belastung.

Man schließe bei gleichmäßiger Belastung die Schalter S_1, S_2, S_3.

Schaltet man jetzt in einem Zweige z. B. $a\,d$ mehrere Lampen ab, und in einem anderen z. B. $c\,d$ ebensoviel Lampen zu, so wird die Gesamtleistung nahezu dieselbe bleiben. Aber, wie man aus der verschiedenen Helligkeit der Lampen schließen und durch den Spannungsmesser mit Anlegespitzen feststellen kann, werden die drei Spannungen zwischen $a\,d$, $b\,d$, $c\,d$ verschieden groß. Dementsprechend ändert sich auch der Verbrauch in jeder der den drei Gruppen angehörenden Lampen und dadurch erfährt der Gesamtverbrauch trotz gleicher Lampenzahl eine gewisse Änderung.

Die Verzerrung der Lampenspannungen bei schiefer Last macht eine Sternschaltung ohne angeschlossenen Nullpunkt in Beleuchtungsanlagen unmöglich. Die Gleichheit wird aber sofort wiederhergestellt, wenn man auch S_0 schließt (Vierleitersystem). Dann fließt aber durch A_0 ein Ausgleichsstrom und $N_R + N_T$ gibt nicht mehr die Gesamtleistung. Zur Leistungsmessung wäre in diesem Fall noch ein dritter Leistungsmesser erforderlich, dessen Stromphase z. B. in Leitung O und dessen Spannungspfad zwischen O und S zu schalten wäre.

d) Gleichmäßige induktive Last in Stern.

Es werde eine gleichmäßige induktive Last von 8 Amp in jedem Zweige bei $\cos\varphi = 0{,}8$ verlangt.

Man schließe zunächst durch S_D eine Drosselspule, deren Eisenkern anfangs ganz eingeschoben ist, an die Drehstrompole RST; sie nimmt praktisch nur Blindstrom auf. Man zieht nunmehr langsam den Kern mittels des Handrades so weit heraus, daß die Strommesser den Blindstrom $8 \sin\varphi = 8 \cdot 0{,}6 = 4{,}8$ Amp anzeigen und regle die

Maschinenspannung, die dabei erheblich sinkt, wieder auf ihren Sollwert. Dann belaste man dazu gleichmäßig mit Lampen, bis wiederum
8 Amp erreicht sind. Gegebenenfalls muß erneut die Spannung der Maschine nachgeregelt werden. Die Phasenverschiebung ergibt sich aus den
Gleichungen am Schluß von Nr. 37.

Der Versuch wird für eine Belastung 8 Amp, cos $\varphi = 0,5$ wiederholt.

Nach jeder Belastung werden alle Hauptstromschalter S geöffnet und
es wird die dadurch eintretende Spannungssteigerung mit dem Spannungsmesser gemessen.

3. Belastung in Dreieck.

Schaltung nach Bild 86; nur wird der Zweig $O\,d$ abgenommen und
die Lampen werden nach Bild 87 geschaltet. Da die Lampen der Batterie
für je 120 Volt gebaut sind, die verkettete Spannung aber 190 Volt
beträgt, so müssen in jedem Zweig je
zwei Lampenreihen in Reihe geschaltet werden.

Man schraube zunächst alle Lampen so weit zurück, daß sie keinen
Kontakt geben, schließe S_1 und S_2,
regle allein mittels der Lampen zwischen R und S auf 5 Amp und kon-
trolliere, daß $N_R = U_A I$ ist. Man
wiederhole die Versuche mit einer
Belastung allein zwischen RT (Schalter S_1 und S_2).

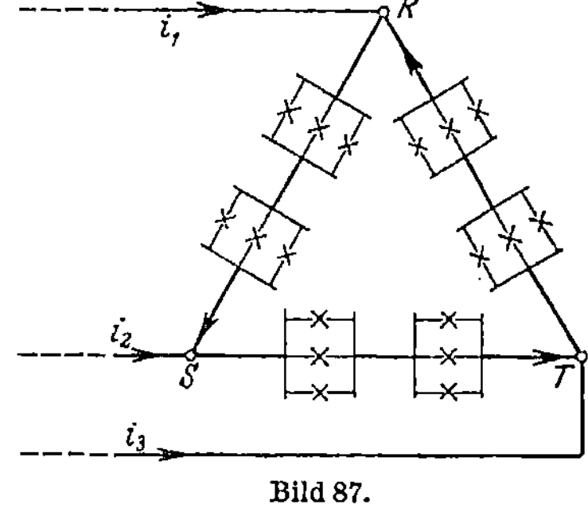

Bild 87.

Schaltet man nun die soeben festgestellte Zahl von Lampen sowohl
zwischen RS wie zwischen RT, während ST unbelastet bleibt, und
schließt alle drei Schalter $S_1 S_2 S_3$, so zeigen A_S (i_2) und A_T (i_3) je
5 Amp an. Es ist nach Bild 87 u. 88 $i_{RS} = -i_2$, $i_{TR} = i_3$; folglich, da
$i_1 = -i_2 - i_3 = i_{RS} - i_{TR}$ ist, A_R (i_1) die (vektorielle) Differenz zwischen
A_S und A_T, d. i. $5 \cdot \sqrt{3}$ Amp. Die Summe der
Angaben der Leistungszeiger muß

$$2 \times U_A I_S$$

oder

$$2 \times U_A I_T$$

ergeben.

Wird jetzt auch der dritte Zweig zwischen ST ebenso stark belastet wie die andern
beiden Zweige, so gehen auch die beiden anderen

Strommesser in S und T auf $5\sqrt{3}$ Amp und es wird

$$N = N_R + N_T = \sqrt{3}\, U I .$$

Die Spannungsänderung beim Ausschalten der Last muß natürlich dieselbe sein, wie unter d (Sternschaltung), wenn der Linienstrom $5\sqrt{3}$ Amp
beträgt.

Schaltet man, wie bei dem Versuch unter 2 c aus einem Zweige n Lampen aus und dafür n gleichwertige Lampen in einen anderen Zweig ein, so bleibt die Gesamtbelastung praktisch dieselbe; die Leistungszeiger N_R und N_T werden, zwar jeder für sich ihre Angaben ändern, aber ihre Summe muß praktisch konstant bleiben. Eine geringe Änderung kommt daher, daß die Spannungsänderung in den drei Zweigen bei der schiefen Last eine Änderung erfährt. Deswegen ist die Schaltung für die Praxis brauchbar.

Sachverzeichnis.

***Die wissenschaftlichen Grundlagen der Elektrotechnik.** Von Prof. Dr. *Gustav Benischke*. Sechste, vermehrte Auflage. Mit 633 Textabbildungen. XVI, 682 Seiten. 1922. Gebunden RM 18.—

*** Kurzes Lehrbuch der Elektrotechnik.** Von Prof. Dr. *A. Thomälen*. Zehnte, stark umgearbeitete Auflage. Mit 581 Textabbildungen. VIII, 359 Seiten. 1929. Gebunden RM 14.50

***Vorlesungen über die wissenschaftlichen Grundlagen der Elektrotechnik.** Von Prof. Dr. techn. *Milan Vidmar*. Mit 352 Abbildungen im Text. X, 451 Seiten. 1928. RM 15.—; gebunden RM 16.50

Die Elektrotechnik und die elektromotorischen Antriebe. Ein elementares Lehrbuch für technische Lehranstalten und zum Selbstunterricht. Von Prof. Dipl.-Ing. *W. Lehmann*, Berlin. Zweite, stark umgearbeitete Auflage. Mit 701 Textabbildungen und 112 Beispielen. VII, 302 Seiten. 1933. RM 12.60; gebunden RM 13.80

Einführung in die theoretische Elektrotechnik. Von Prof. *K. Küpfmüller*, Danzig. Mit 320 Textabbildungen. VI, 285 Seiten. 1932. RM 18.—; gebunden RM 19.50

Einführung in die Theorie der Schwachstromtechnik. Von Prof. Dr. phil. *J. Wallot*, Wissenschaftlicher Mitarbeiter der Siemens & Halske A.-G. Mit 347 Textabbildungen. IX, 331 Seiten. 1932. RM 21.50; gebunden RM 23.—

***Erdströme.** Grundlagen der Erdschluß- und Erdungsfragen. Von Dr.-Ing. *Franz Ollendorff*, Berlin. Mit 164 Textabbildungen. VIII, 260 Seiten. 1928. Gebunden RM 20.—

Potentialfelder der Elektrotechnik. Von Dr.-Ing. *Franz Ollendorff*, Berlin. Mit 244 Textabbildungen. VIII, 395 Seiten. 1932. Gebunden RM 32.—

** Auf die Preise der vor dem 1. Juli 1931 erschienenen Bücher wird ein Notnachlaß von 10% gewährt.*